Energie und Vergänglichkeit

-Die Reise nach dem Tod-

Drake Graeve

Energie und Vergänglichkeit - Die Reise nach dem Tod

Copyright © 2024 Drake Graeve

Alle Rechte vorbehalten.

ISBN: 9798344329437

Gewidmet allen, die den Mut haben, über
das Unbekannte hinauszublicken und
die Reise ins Mysterium des Lebens nach dem Tod
mit offenen Herzen und
neugierigem Geist anzutreten.

Inhaltsverzeichnis

Vorwort..i
Einleitung.. 3
   Das Verständnis des Übergangs: Energie und Tod.............................3
   Die Rolle der Energie im Leben und Tod...6
   Zweck und Umfang des Buches..9
   Wichtigkeit des Verständnisses von Energiewandlung.......................11
   Struktur des Buches..15
Kapitel 1: Der menschliche Körper als Energiesystem......................17
   1.1. Chemische Zusammensetzung des Körpers................................19
      1.1.1. Fette...19
      1.1.2. Proteine..20
      1.1.3. Kohlenhydrate..21
   1.2. Energiestoffwechsel im Körper...23
      1.2.1. Katabolismus..23
      1.2.2. Anabolismus...24
   1.3. Energiehaushalt und Körperfunktionen......................................27
      1.3.1. Basalstoffwechselrate (BMR)..28
      1.3.2. Körperliche Aktivität...29
      1.3.3. Thermogenese..30
Kapitel 2: Die letzten Momente des Lebens......................................33
   2.1. Physiologische Veränderungen unmittelbar vor dem Tod...........35
      2.1.1. Der Prozess der Sterblichkeit..35
      2.1.2. Neurologische Veränderungen...37
   2.2. Biochemische Prozesse zum Zeitpunkt des Todes.......................39
      2.2.1. Energiemangel und Stoffwechselveränderungen................39
      2.2.2. Beginn der Autolyse..41
      2.2.3 Beteiligung von Enzymen...42
Kapitel 3: Zum Zeitpunkt des Todes..45
   3.1. Die Definition des Todes...47
      3.1.1. Klinischer Tod..48
      3.1.2. Biologischer Tod..50
   3.2. Sofortige physiologische Reaktionen zum Todeszeitpunkt...........53

- 3.2.1. Herz-Kreislaufsystem..54
- 3.2.2. Atmung...56
- 3.2.3. Körperliche Veränderungen..................................57
- 3.3. Chemische und biochemische Veränderungen...........61
  - 3.3.1. Energieverlust..61
  - 3.3.2. Säure-Basen-Gleichgewicht................................62
  - 3.3.3. Enzymatische Zersetzung....................................64
- 3.4. Der Übergang zur Zersetzung...67
  - 3.4.1. Frühe Zersetzung Rigor Mortis (Leichenschriggigkeit)...........68
  - 3.4.2 Leichenschauerm (Postmortale Flecken)...............70
  - 3.4.3 Mikrobielle Zersetzung..72
  - 3.4.4 Geruchsbildung:..74
- Kapitel 4: Die ersten Stunden nach dem Tod.........................77
  - 4.1. Frühzeitige physiologische Veränderungen................79
    - 4.1.1. Temperaturveränderungen.................................79
    - 4.1.2. Blutgerinnung..81
    - 4.1.3. Muskelschlaffung und Rigor Mortis...................83
  - 4.2. Biochemische Prozesse und enzymatische Aktivitäten.............87
    - 4.2.1. Enzymatische Zersetzung....................................87
  - 4.3. Mikrobiologische Veränderungen..................................93
    - 4.3.1. Mikrobielle Invasion..93
    - 4.3.2. Gasbildung...95
  - 4.4. Weitere physiologische Veränderungen......................99
    - 4.4.1. Hautveränderungen...99
    - 4.4.2. Geruchsbildung...101
- Kapitel 5: Der Prozess der Zersetzung....................................103
  - 5.1.1. Definition und Phasen der Zersetzung.................105
  - 5.2.1. Die frische Phase..109
  - 5.2.2. Die aufblähende Phase..111
  - 5.2.3. Die Verfallsphase..112
  - 5.2.4. Die trockene Phase..114
  - 5.3. Einflussfaktoren auf die Zersetzung...........................117
    - 5.3.1. Temperatur...117
    - 5.3.2. Feuchtigkeit..118
    - 5.3.3. Umweltbedingungen..119
  - 5.4. Mikrobiologische Aspekte der Zersetzung................121

- 5.4.1. Mikroben und Bakterien...121
- 5.4.2. Mikrobiome und Zersetzung..123

Kapitel 6: Langfristige Energieumwandlungen.......................127
- 6.1. Energieumwandlungen nach der Zersetzung.....................128
  - 6.1.1. Umwandlung von organischen Molekülen.........................128
  - 6.1.2. Mineralisierung...130
- 6.2. Der Einfluss auf das ökologische System............................133
  - 6.2.1. Nährstoffkreisläufe..133
  - 6.2.2. Energieflüsse in Ökosystemen...135
- 6.3. Langfristige Auswirkungen auf den Boden........................137
  - 6.3.1. Bodenverbesserung...137
  - 6.3.2. Bodenchemische Veränderungen....................................139
- 6.4. Langfristige Energieumwandlungen in der Natur.............141
  - 6.4.1. Humusbildung...141
  - 6.4.2. Einfluss auf die biologische Aktivität..............................143

Kapitel 7: Ökologische und physikalische Perspektiven.......147
- 7.1. Ökologische Perspektiven...151
  - 7.1.1. Rolle der Zersetzung im Nährstoffkreislauf.......................151
  - 7.1.2. Auswirkungen auf die Bodenbiologie..............................153
  - 7.1.3. Einfluss auf Pflanzenwachstum.......................................156
  - 7.1.4. Ökologische Dynamik...160
- 7.2. Physikalische Perspektiven..163
  - 7.2.1. Temperatur- und Feuchtigkeitsbedingungen...................163
  - 7.2.2. Physikalische Verwitterungsprozesse..............................165
  - 7.2.3. Energieübertragung und -verlust....................................168
  - 7.2.4. Auswirkungen auf die Bodenphysik................................171
- 7.3. Praktische Anwendungen und Forschung.........................175
  - 7.3.1. Landwirtschaftliche Nutzung...175
  - 7.3.2. Umweltforschung...177
- 7.4. Zusammenfassung..181

Kapitel 8: Philosophische und kulturelle Betrachtungen.....185
- 8.1. Philosophische Betrachtungen zum Tod............................189
  - 8.1.1. Philosophische Ansichten über den Tod..........................189
  - 8.1.2. Das Konzept der Unsterblichkeit....................................191
- 8.2. Kulturelle Betrachtungen und Rituale................................195
  - 8.2.1. Bestattungsriten und -traditionen..................................195

    8.2.2. Kulturelle Perspektiven auf die Zersetzung..........................197
    8.2.3. Symbolik des Todes und der Zersetzung...............................199
  8.3. Die Zersetzung in der zeitgenössischen Philosophie und Ethik....203
    8.3.1. Umweltethik und Nachhaltigkeit...203
    8.3.2. Rolle der Zersetzung in der kulturellen Identität.................205
  8.4. Zusammenfassung...209
Schlussfolgerung..211
Abschließende Gedanken..217
Anhang...219
  A.1. Glossar der Fachbegriffe..219
  A.2. Literaturverzeichnis...220
  A.3. Methodologie..221
  A.4. Quellen für weiterführende Informationen..............................221
  A.5. Danksagung...223
  A.6. Haftung..223
  A.7. Kontakt..223

Vorwort

In der menschlichen Existenz gibt es zwei unvermeidliche Konstanten: Energie und Vergänglichkeit. Diese Kräfte prägen unser Leben und unser Verständnis der Welt. Doch was passiert, wenn unser Körper vergeht und das Leben endet? Was geschieht mit der Energie, die uns durch das Leben getragen hat? Diese Fragen haben die Menschheit seit jeher beschäftigt und sind der Kern dieses Buches.

In "Energie und Vergänglichkeit – Die Reise nach dem Tod" lade ich Sie ein, sich auf eine Reise jenseits der bekannten Realität zu begeben. Der Tod wird hier nicht als endgültiges Ende, sondern als Übergang betrachtet. Während die Endlichkeit unseres physischen Daseins unvermeidlich ist, bleibt die Frage, was danach kommt, eine der faszinierendsten Herausforderungen des menschlichen Geistes.

Dieses Buch ist keine wissenschaftliche Abhandlung oder dogmatische Lehrschrift über das Leben nach dem Tod. Es ist eine Reflexion über die unsterbliche Energie, die uns verbindet, und darüber, wie diese Energie nach dem physischen Tod weiterexistieren könnte. Es erkundet verschiedene Sichtweisen und Traditionen, die sich mit dem Leben nach dem Tod befassen, und lädt dazu ein, die eigene Perspektive zu hinterfragen und zu erweitern.

Wir leben in einer von Rationalität und Wissenschaft geprägten Welt. Doch an den Grenzen unserer Existenz stoßen wir auf Phänomene, die sich nicht immer wissenschaftlich erklären lassen. Die vielen Geschichten und Erfahrungen aus unterschiedlichen Kulturen und Epochen zeigen unser tiefes Bedürfnis, den Tod zu verstehen und mit ihm umzugehen.

In den folgenden Kapiteln werden wir Fragen untersuchen, die diese uralte Suche prägen: Was bleibt von uns, wenn unser Körper stirbt? Wie kann Energie, die nicht zerstört werden kann, weiterbestehen? Gibt es ein Bewusstsein nach dem Tod, und wie könnte es aussehen? Wir werden religiöse, philosophische und spirituelle Traditionen betrachten und auch neue Erkenntnisse aus der Quantenphysik und Nahtodforschung einbeziehen.

Dieses Buch soll keine endgültigen Antworten geben, sondern Impulse setzen. Es soll anregen, sich den großen Fragen des Lebens und des Todes zu stellen und Raum für spekulatives Denken und kreatives Erforschen bieten. Vielleicht finden Sie keine endgültigen Antworten, aber möglicherweise neue Einsichten und Perspektiven, die Ihnen helfen, den Tod nicht als endgültiges Ende, sondern als Teil eines größeren Prozesses zu sehen.

Ich lade Sie ein, dieses Buch mit einem offenen Herzen und neugierigem Geist zu lesen. Möge es Sie inspirieren, über das hinauszublicken, was wir als Realität begreifen, und den Gedanken zuzulassen, dass das Leben, in welcher Form auch immer, vielleicht niemals wirklich endet.

Einleitung

Das Verständnis des Übergangs: Energie und Tod

Der Tod ist eine universelle Erfahrung, die die Menschheit seit jeher fasziniert. Seit den frühesten Tagen der Zivilisation haben Menschen versucht, die Geheimnisse zu ergründen, die sich um diesen entscheidenden Moment des Lebens ranken. Schon in den alten Höhlenmalereien, den Mythen und Legenden der Ureinwohner und in den heiligen Schriften großer Religionen spiegeln sich die Bemühungen wider, den Tod und das, was danach kommt, zu verstehen. Diese uralten Fragen haben über Jahrtausende hinweg zahlreiche Kulturen und Philosophien dazu inspiriert, die Bedeutung und die Implikationen des Todes zu erforschen und Antworten zu suchen, die uns alle betreffen. Was passiert, wenn das Leben endet? Was geschieht mit der Essenz dessen, was wir sind? Diese tiefgründigen Fragen haben zu einer Vielzahl von Interpretationen, Ritualen und Glaubensvorstellungen geführt, die von Kultur zu Kultur, von Religion zu Religion unterschiedlich sind.

In den letzten Jahrhunderten hat die Wissenschaft begonnen, diese alten Fragen durch die Linse der Rationalität und Empirie zu betrachten. Mit den Fortschritten in der Biologie, Chemie und Physik haben wir begonnen, den Tod nicht nur als ein Ende, sondern als einen Übergang zu verstehen. Besonders interessant sind die energetischen Aspekte dieses Übergangs, die eine einzigartige Perspektive bieten. Der Tod ist nicht nur das Ende eines biologischen Prozesses, sondern auch der Beginn einer bemerkenswerten Transformation. Die Umwandlung, die vom Moment des Todes bis zur letztendlichen Wiederverwertung der biologischen Materialien in der Umwelt stattfindet, ist eine tiefgreifende Reise der Energiewandlung. Diese Prozesse sind nicht nur faszinierend, sondern auch grundlegend für das Verständnis der Rolle, die der Tod im Kreislauf des Lebens spielt.

Wenn wir über den Tod nachdenken, stellen sich viele von uns eine plötzliche, endgültige Stille vor. Doch in Wirklichkeit ist der Tod der Beginn einer unglaublich dynamischen und komplexen Kette von Ereignissen. Die Energie, die unseren Körper während unseres Lebens belebt, verschwindet nicht einfach mit dem Tod. Sie wird in verschiedenen Formen weiterexistieren und umgewandelt. Dies geschieht durch biologische Abbauprozesse, bei denen Mikroorganismen die organischen Materialien zersetzen und so die gespeicherte Energie freisetzen. Diese freigesetzte Energie trägt zur

Nahrungskette bei und unterstützt das Wachstum neuer Lebensformen. Das Verständnis dieser Prozesse kann uns helfen, die tiefere Verbindung zwischen Leben und Tod, zwischen Vergänglichkeit und Erneuerung, zu erkennen.

Der menschliche Körper, der aus unzähligen Zellen besteht, beherbergt eine enorme Menge an Energie. Diese Energie wird in chemischen Bindungen gespeichert und während des Lebens ständig genutzt und erneuert. Mit dem Tod hört diese kontinuierliche Erneuerung auf, und es beginnt ein anderer Prozess: der biologische Abbau. Die Mikroorganismen, die in unserem Körper und in der Umgebung vorhanden sind, übernehmen nun die Aufgabe, die organischen Materialien zu zersetzen. Dieser Prozess ist ein wesentlicher Teil des natürlichen Kreislaufs, bei dem die Energie, die einst unseren Körper belebte, freigesetzt und wiederverwendet wird.

Die Wissenschaft hinter diesem biologischen Abbau ist ebenso faszinierend wie komplex. Verschiedene Arten von Bakterien und Pilzen spielen eine entscheidende Rolle in diesem Prozess. Sie zerlegen die organischen Materialien in einfachere Moleküle, die dann von Pflanzen und anderen Organismen aufgenommen werden können. Auf diese Weise wird die im Körper gespeicherte Energie in die Umwelt zurückgeführt und trägt zur Nahrungskette bei. Pflanzen nutzen diese Nährstoffe, um zu wachsen und Energie durch Photosynthese zu speichern. Tiere, die diese Pflanzen fressen, nutzen wiederum diese Energie, und so setzt sich der Kreislauf fort.

Dieses Buch zielt darauf ab, diese Prozesse im Detail zu erhellen und zu untersuchen, wie die im menschlichen Körper gespeicherte Energie nach dem Tod transformiert wird. Wir werden die Wissenschaft hinter dem biologischen Abbau, die Rolle der Mikroorganismen und die Umwandlung der organischen Materialien in neue Lebensformen erforschen. Dabei betrachten wir nicht nur die physikalischen und chemischen Aspekte dieser Transformation, sondern auch die biologischen und ökologischen Konsequenzen. Darüber hinaus werden wir untersuchen, wie diese Erkenntnisse unser Verständnis von Leben und Tod beeinflussen können und welche Implikationen sie für unsere Sicht auf die Vergänglichkeit haben.

Der Tod ist mehr als nur ein Ende – er ist ein Übergang, eine Verwandlung, die das Potenzial hat, unser Verständnis von Leben und Existenz tiefgreifend zu verändern. Indem wir die energetischen Prozesse, die nach dem Tod stattfinden, genauer betrachten, können wir nicht nur die biologischen Mechanismen besser verstehen, sondern auch die tiefere Bedeutung des Todes als integralen Bestandteil des Lebenszyklus. Dieses Buch lädt Sie ein, diese Reise mit uns zu unternehmen, die Mysterien des Todes zu erkunden und neue Perspektiven auf die Energie und Vergänglichkeit des Lebens zu gewinnen. Indem wir diese energetischen Transformationen erkunden, hoffen wir, eine Brücke zwischen den wissenschaftlichen Erklärungen und den philosophischen und spirituellen Aspekten des Todes zu schlagen und so ein umfassenderes Bild dieses faszinierenden Themas zu zeichnen.

Der Prozess der Umwandlung, der vom Moment des Todes bis zur endgültigen Wiederverwertung der biologischen Materialien in der Umwelt stattfindet, ist eine tiefgreifende Reise der Energiewandlung. Diese Umwandlungen sind nicht nur faszinierend, sondern auch grundlegend für das Verständnis der Rolle, die der Tod im Kreislauf des Lebens spielt. Die Energie, die unseren Körper während unseres Lebens belebt, verschwindet nicht einfach mit dem Tod. Sie wird in verschiedenen Formen weiterexistieren und umgewandelt. Dies geschieht durch biologische Abbauprozesse, bei denen Mikroorganismen die organischen Materialien zersetzen und so die gespeicherte Energie freisetzen. Diese freigesetzte Energie trägt zur Nahrungskette bei und unterstützt das Wachstum neuer Lebensformen. Das Verständnis dieser Prozesse kann uns helfen, die tiefere Verbindung zwischen Leben und Tod, zwischen Vergänglichkeit und Erneuerung, zu erkennen.

Der Tod ist ein Phänomen, das alle Lebewesen betrifft und dennoch bleibt es eines der am meisten missverstandenen und gefürchteten Ereignisse im menschlichen Leben. Die Vorstellung, dass der Tod nicht das Ende, sondern ein Übergang ist, kann unser Verständnis von Leben und Tod grundlegend verändern. Indem wir die energetischen Prozesse, die nach dem Tod stattfinden, genauer betrachten, können wir nicht nur die biologischen Mechanismen besser verstehen, sondern auch die tiefere Bedeutung des Todes als integralen Bestandteil des Lebenszyklus. Dieses Buch lädt Sie ein, diese Reise mit uns zu unternehmen, die Mysterien des Todes zu erkunden und neue Perspektiven auf die Energie und Vergänglichkeit des Lebens zu gewinnen.

Die Verbindung zwischen Leben und Tod, zwischen Vergänglichkeit und Erneuerung, ist tief und komplex. Das Verständnis dieser Verbindung kann uns helfen, unser eigenes Leben bewusster zu leben und die natürliche Welt um uns herum zu schätzen. Dieses Buch ist eine Einladung, tiefer in diese faszinierenden Prozesse einzutauchen und die erstaunlichen Mechanismen zu entdecken, die das Leben nach dem Tod formen. Wir hoffen, dass Sie durch die Lektüre dieses Buches ein tieferes Verständnis für die energetischen Transformationen gewinnen, die nach dem Tod stattfinden, und dass Sie die Schönheit und Komplexität des Lebens und des Todes in einem neuen Licht sehen werden.

Die Rolle der Energie im Leben und Tod

Energie ist grundlegend für das Leben und spielt eine zentrale Rolle in allen biologischen Prozessen. Jede zelluläre Funktion, von der Muskelkontraktion bis zu kognitiven Prozessen, hängt von der Umwandlung und Nutzung von Energie ab. Unser Körper ist ein komplexes System, das ständig Energie aufnimmt, umwandelt und nutzt, um seine vielfältigen Funktionen aufrechtzuerhalten. Während des Lebens verwaltet unser Körper Energie durch komplexe biochemische Wege, wobei er Aufnahme und Verbrauch ausbalanciert. Diese Energie wird aus der Nahrung gewonnen, die wir zu uns nehmen, und in einer Form gespeichert, die für den Körper zugänglich ist, wie etwa Adenosintriphosphat (ATP), das als universelle Energiequelle für Zellen dient.

Die Rolle der Energie im Leben ist von entscheidender Bedeutung und erstreckt sich über alle Bereiche der biologischen Funktionen. Jede einzelne zelluläre Aktivität, sei es die Kontraktion von Muskeln, die für unsere Bewegung und Fortbewegung unerlässlich ist, oder die kognitiven Prozesse, die unser Denken, Erinnern und Lernen ermöglichen, ist abhängig von der kontinuierlichen Umwandlung und Nutzung von Energie. Unser Körper ist in der Tat ein äußerst komplexes und fein abgestimmtes System, das ununterbrochen Energie aus verschiedenen Quellen aufnimmt, in nützliche Formen umwandelt und effektiv nutzt, um eine Vielzahl von Funktionen zu erfüllen, die notwendig sind, um unser Leben zu erhalten und zu verbessern. Während des gesamten Lebenszyklus verwaltet unser Körper diese Energie durch eine Reihe von komplizierten biochemischen Wegen und Mechanismen, die sicherstellen, dass die Aufnahme von Energie durch Nahrung und ihre Nutzung durch den Körper stets im Gleichgewicht sind. Diese Energie wird aus der Nahrung gewonnen, die wir konsumieren, und dann in Formen gespeichert, die für den Körper leicht zugänglich und nutzbar sind, wie beispielsweise in Form von Adenosintriphosphat (ATP), welches als die universelle Energiequelle für alle Zellen dient.

Während unseres Lebens ist unser Körper darauf ausgelegt, Energie effizient zu nutzen. Energie wird verwendet, um Körperfunktionen aufrechtzuerhalten, Wachstum und Reparatur zu fördern und uns die Möglichkeit zu geben, mit unserer Umwelt zu interagieren. Dieser Prozess erfordert eine ständige Anpassung und Feinabstimmung, um auf veränderte Bedingungen und Anforderungen zu reagieren. Diese dynamische Balance verändert sich dramatisch, wenn das Leben endet. Der Tod markiert das Ende dieser sorgfältig orchestrierten Prozesse und löst eine Reihe von Transformationen aus, die gespeicherte Energie in verschiedene Formen umwandeln.

Im Laufe unseres Lebens ist unser Körper auf die effiziente Nutzung von Energie angewiesen. Energie wird dabei verwendet, um eine Vielzahl von Körperfunktionen zu unterstützen und aufrechtzuerhalten. Diese reichen von den grundlegenden Lebensprozessen wie dem Herzschlag und der Atmung bis hin zu komplexeren Aktivitäten wie dem Wachstum und der Reparatur von Geweben sowie der Fähigkeit, mit unserer Umgebung zu interagieren und zu kommunizieren. Dieser gesamte Prozess erfordert eine kontinuierliche Anpassung und Feinabstimmung, um sicherzustellen, dass der Körper auf sich ändernde Bedingungen und Anforderungen reagieren kann. Unser Körper ist ständig damit beschäftigt, Energie zu managen, zu speichern und zu nutzen, um alle lebenswichtigen Funktionen zu erfüllen. Wenn das Leben jedoch endet, verändert sich diese dynamische Balance dramatisch. Der Tod markiert das Ende dieser akribisch orchestrierten Prozesse und löst eine Reihe von Transformationen aus, bei denen die gespeicherte Energie in verschiedene andere Formen umgewandelt wird.

Nach dem Tod beginnt ein neuer Abschnitt des Energieflusses. Die im Körper gespeicherte Energie verschwindet nicht einfach; sie wird vielmehr in andere Formen und Systeme umverteilt. Der biologische Abbauprozess setzt ein, bei dem Mikroorganismen wie Bakterien und Pilze eine entscheidende Rolle spielen. Diese Organismen zerlegen die organischen Verbindungen des Körpers und setzen dabei Energie frei, die in die Umgebung zurückgeführt wird. Diese Energie wird von anderen Organismen genutzt und trägt zum Kreislauf des Lebens bei. Der Abbau von organischem Material ist somit ein essenzieller Teil der Energieumwandlung, die das Leben auf der Erde antreibt.

Nach dem Tod beginnt ein neuer und faszinierender Abschnitt des Energieflusses. Die Energie, die während des Lebens im Körper gespeichert wurde, verschwindet nicht einfach; sie wird vielmehr in andere Formen und Systeme umverteilt und weiterverwendet. Der biologische Abbauprozess tritt in Kraft, wobei Mikroorganismen wie

Bakterien und Pilze eine entscheidende Rolle übernehmen. Diese Mikroorganismen sind in der Lage, die organischen Verbindungen im Körper zu zerlegen und dabei Energie freizusetzen, die dann in die Umwelt zurückgeführt wird. Diese freigesetzte Energie wird von anderen Organismen aufgenommen und genutzt, wodurch sie zum Kreislauf des Lebens beiträgt. Der Abbau von organischem Material stellt somit einen essenziellen Teil der Energieumwandlung dar, die das Leben auf der Erde kontinuierlich antreibt und erhält.

Das Verständnis dieser Veränderungen bietet nicht nur Einblicke in die biologischen Prozesse, die dabei ablaufen, sondern auch in die breiteren ökologischen und philosophischen Implikationen. Die Umwandlung von Energie nach dem Tod zeigt, wie eng Leben und Tod miteinander verbunden sind und wie der Tod ein integraler Bestandteil des natürlichen Kreislaufs ist. Diese Perspektive ermöglicht es uns, den Tod nicht nur als Ende, sondern als Fortsetzung des Lebens in einer anderen Form zu betrachten. Indem wir die Rolle der Energie im Leben und Tod untersuchen, können wir ein tieferes Verständnis für unsere eigene Existenz und die unserer Umwelt entwickeln und erkennen, dass die Energie, die uns während unseres Lebens belebt hat, weiterhin Teil des größeren Ökosystems bleibt.

Das Verständnis dieser Veränderungen bietet uns nicht nur wertvolle Einblicke in die biologischen Prozesse, die während und nach dem Tod ablaufen, sondern eröffnet auch tiefere Einsichten in die breiteren ökologischen und philosophischen Implikationen. Die Umwandlung von Energie nach dem Tod verdeutlicht, wie eng Leben und Tod miteinander verwoben sind und wie der Tod in Wirklichkeit ein integraler Bestandteil des natürlichen Kreislaufs ist. Diese Perspektive erlaubt es uns, den Tod nicht nur als endgültiges Ende, sondern als Fortsetzung des Lebens in einer anderen, transformierten Form zu betrachten. Indem wir die Rolle der Energie im Leben und Tod eingehender untersuchen, können wir ein umfassenderes und tiefgreifenderes Verständnis für unsere eigene Existenz und die komplexen Zusammenhänge in unserer Umwelt entwickeln. Wir erkennen, dass die Energie, die uns während unseres Lebens belebt und antreibt, nicht verschwindet, sondern weiterhin Teil des größeren, allumfassenden Ökosystems bleibt und dieses unterstützt.

Zweck und Umfang des Buches

Dieses Buch untersucht die komplexen Prozesse, die an der Umwandlung von Energie vom Moment des Todes über die Zersetzung bis hin zur Integration in das Ökosystem beteiligt sind. Es soll einen umfassenden Überblick darüber geben, wie Energie von einer gespeicherten Form im menschlichen Körper in verschiedene Umweltformen übergeht und zum Kreislauf von Leben und Materie beiträgt. Dabei werden wir die verschiedenen Stadien und Mechanismen dieser Transformation eingehend beleuchten, um ein tiefes Verständnis dafür zu vermitteln, wie Energie nach dem Tod weiterwirkt und das Leben auf vielfältige Weise beeinflusst. Durch die Untersuchung der einzelnen Schritte dieses Übergangsprozesses möchten wir die Leser in die faszinierende Welt der energetischen Umwandlung einführen und aufzeigen, wie untrennbar Leben und Tod miteinander verbunden sind.

Die Reise der Energie endet nicht mit dem Tod; vielmehr markiert sie den Beginn eines faszinierenden Übergangs, bei dem biologische, chemische und physikalische Prozesse zusammenwirken, um Energie zu recyceln und umzuverteilen. Durch die Untersuchung dieser Prozesse möchte dieses Buch die komplexen Mechanismen beleuchten, die die Umwandlung von Energie steuern, und wie sie für die Erhaltung des Lebens auf der Erde essenziell sind. Die Transformation von Energie beginnt unmittelbar nach dem Tod und setzt sich über verschiedene Phasen fort, einschließlich des Abbaus durch Mikroorganismen, der biochemischen Freisetzung von Energieträgern und der letztendlichen Integration dieser Energie in das umgebende Ökosystem. Durch detaillierte Analysen werden die Leser Einblicke in die Rolle von Mikroorganismen bei der Zersetzung, die biochemischen Wege der Energiefreisetzung und die letztendliche Integration dieser Energie in Ökosysteme gewinnen. Darüber hinaus werden wir die ökologischen Auswirkungen dieser Prozesse untersuchen und aufzeigen, wie die freigesetzte Energie zur Unterstützung neuer Lebensformen und zur Aufrechterhaltung des ökologischen Gleichgewichts beiträgt.

Der Umfang dieses Buches geht über die biologischen Prozesse hinaus und erforscht die philosophischen und ökologischen Implikationen der Energieumwandlung. Indem wir verstehen, wie Energie in der Natur recycelt wird, können wir die Verbundenheit aller Lebewesen und das empfindliche Gleichgewicht, das das Leben erhält, besser würdigen. Dieses Buch betrachtet auch, wie diese Prozesse größere ökologische Prinzipien widerspiegeln und wie wichtig es ist, dieses Gleichgewicht angesichts von Umweltveränderungen zu bewahren. Es wird gezeigt, wie die natürlichen Prozesse der Energiewandlung nicht nur für die Erhaltung der Artenvielfalt, sondern auch für das Funktionieren ganzer Ökosysteme unerlässlich sind. Durch die Betrachtung dieser Prozesse aus einer philosophischen Perspektive wird auch die Bedeutung des Todes im Kontext des Lebenszyklus und der kontinuierlichen Erneuerung hervorgehoben. Die Leser werden eingeladen, die tiefere Bedeutung des Todes zu erkennen und zu verstehen, dass er nicht das Ende, sondern ein Übergang in einen neuen Zustand des Seins darstellt, in dem die Energie, die einst einen lebenden Organismus angetrieben hat, weiterhin im Kreislauf der Natur aktiv bleibt und neue Formen des Lebens unterstützt.

Darüber hinaus zielt dieses Buch darauf ab, die Kluft zwischen wissenschaftlichem Verständnis und philosophischer Reflexion über Leben und Tod zu überbrücken. Es ermutigt die Leser, über die Kontinuität des Lebens durch die Umwandlung von Energie nachzudenken und unsere Wahrnehmung des Todes als Endgültigkeit zu überdenken. Durch die Erkundung dieser Themen hofft das Buch, eine tiefere Wertschätzung für die Kreisläufe des Lebens und die Rolle der Energie in unserer Existenz zu fördern. Die Leser werden eingeladen, über die beeindruckenden Prozesse nachzudenken, die nach dem Tod eines Lebewesens ablaufen, und zu erkennen, dass der Tod kein endgültiges Ende, sondern ein Übergang zu neuen Formen des Lebens und der Energie ist. Durch die Betrachtung der energetischen Transformationen können wir eine neue Perspektive auf unsere Existenz und die fortlaufenden Verbindungen zwischen Leben und Tod entwickeln. Dieses Verständnis kann uns helfen, den Tod nicht als Verlust, sondern als notwendigen Teil des natürlichen Zyklus zu sehen, der kontinuierlich neues Leben hervorbringt.

Durch einen multidisziplinären Ansatz bietet dieses Buch eine umfassende Untersuchung der Energieumwandlung nach dem Tod und bietet Einblicke in die wissenschaftlichen, ökologischen und philosophischen Aspekte dieses Prozesses. Es lädt die Leser ein, darüber nachzudenken, wie die Energie, die einst unser Leben angetrieben hat, weiterhin die Welt um uns herum beeinflusst und die dauerhaften Verbindungen zwischen Leben, Tod und der natürlichen Welt aufzeigt. Dabei werden wissenschaftliche Erkenntnisse mit philosophischen Überlegungen verknüpft, um ein ganzheitliches Bild der Energieumwandlung zu zeichnen. Die verschiedenen Kapitel des Buches beleuchten die Rolle der Mikroorganismen bei der Zersetzung, die chemischen Prozesse, die dabei ablaufen, und die Art und Weise, wie die freigesetzte Energie in den natürlichen Kreislauf zurückgeführt wird. Dies bietet eine umfassende Perspektive auf die Bedeutung des Todes im Kontext des Lebens und zeigt, wie eng verwoben und voneinander abhängig die Prozesse des Lebens und Sterbens tatsächlich sind. Durch diesen umfassenden und interdisziplinären Ansatz hoffen wir, ein tiefgreifendes Verständnis für die energetischen Transformationen zu schaffen, die unser Leben und unsere Umwelt prägen.

Der Umfang dieses Buches umfasst:

Biologische Prozesse: Eine detaillierte Untersuchung der physiologischen Veränderungen zum Zeitpunkt des Todes, der frühen Zersetzung und der Rolle von Mikroorganismen bei der Zersetzung des Körpers.

Energetische Transformationen: Eine Analyse, wie die chemische Energie, die im Körper gespeichert ist, in Wärme, Gase und andere Produkte umgewandelt wird.

Ökologische Auswirkungen: Eine Erforschung, wie zersetzte Materialien zum Nährstoffkreislauf und zur Energieverteilung in Ökosystemen beitragen.

Philosophische und kulturelle Perspektiven: Eine Diskussion über die kulturellen Auffassungen von Tod und dessen Beziehung zu Energie und Materie.

Wichtigkeit des Verständnisses von Energiewandlung

Das Verständnis der Energiewandlung nach dem Tod hat sowohl praktische als auch theoretische Implikationen. Auf praktischer Ebene verbessert es unser Verständnis ökologischer Prozesse und der Rolle der Zersetzung im Nährstoffkreislauf. Die Zersetzung von organischem Material ist ein zentraler Prozess, der zur Freisetzung von Nährstoffen führt, die von Pflanzen und anderen Organismen aufgenommen werden können. Dadurch wird die Fruchtbarkeit von Böden erhalten und die Produktivität von Ökosystemen gefördert. Ein besseres Verständnis dieser Prozesse kann auch in Bereichen wie der Landwirtschaft, der Forstwirtschaft und dem Naturschutz von Nutzen sein, wo die Maximierung der natürlichen Kreisläufe zur Erhaltung gesunder und nachhaltiger Umgebungen entscheidend ist.

Das Wissen um die Zersetzung und die damit einhergehende

Energiewandlung kann in der Landwirtschaft beispielsweise dazu genutzt werden, Kompostierungsprozesse zu optimieren. Durch gezielte Förderung der Zersetzung organischer Abfälle können Landwirte hochwertigen Dünger erzeugen, der die Bodenqualität verbessert und somit höhere Erträge ermöglicht. In der Forstwirtschaft hilft das Verständnis der Zersetzung dabei, die natürlichen Prozesse in Wäldern besser zu managen. Abgestorbene Bäume und Pflanzen liefern Nährstoffe für das Wachstum neuer Pflanzen und tragen so zur Regeneration des Waldes bei. Auch im Naturschutz ist dieses Wissen wertvoll, um Lebensräume zu erhalten und zu fördern. Durch gezielte Eingriffe können natürliche Zersetzungsprozesse unterstützt und damit die Biodiversität und die Gesundheit der Ökosysteme gestärkt werden.

Theoretisch bietet das Verständnis der Energiewandlung nach dem Tod eine tiefere Wertschätzung für die Kontinuität der Energie durch Leben und Tod. Diese Kontinuität verknüpft biologische Prozesse mit breiteren Umweltzyklen und zeigt, dass Energie niemals verloren geht, sondern sich lediglich in andere Formen verwandelt. Diese Perspektive unterstreicht die Eleganz und Komplexität der natürlichen Welt und verdeutlicht, wie alle Lebensformen miteinander verbunden sind. Durch die Erforschung der energetischen Transformationen, die nach dem Tod stattfinden, können wir auch die engen Beziehungen zwischen biotischen und abiotischen Komponenten von Ökosystemen besser verstehen.

Diese Erkenntnis eröffnet uns ein tieferes Verständnis für die Art und Weise, wie Lebewesen und ihre Umwelt interagieren. Die biotischen Komponenten, also die lebenden Organismen, und die abiotischen Komponenten, wie Boden, Wasser und Luft, sind durch die Energiewandlung untrennbar miteinander verbunden. Wenn ein Lebewesen stirbt, setzt der Zerfallsprozess Energie und Nährstoffe frei, die von anderen Organismen genutzt werden können. So entsteht ein kontinuierlicher Kreislauf, der das Leben auf der Erde aufrechterhält. Diese tiefere Wertschätzung der natürlichen Prozesse kann uns helfen, bewusster und verantwortungsvoller mit unseren natürlichen Ressourcen umzugehen und die komplexen Wechselwirkungen in unseren Ökosystemen zu schützen und zu fördern.

Zusätzlich bietet dieses Verständnis wertvolle Perspektiven auf die Verbundenheit von Leben und Tod und trägt zur philosophischen und kulturellen Reflexion über Sterblichkeit und die natürliche Welt bei. Indem wir den Zyklus der Energieumwandlung betrachten, können wir den Tod nicht nur als Ende, sondern als integralen Teil des Lebenskreislaufs betrachten. Dies kann unser Verständnis von

Sterblichkeit bereichern und uns helfen, den Tod als natürlichen und notwendigen Prozess zu akzeptieren, der das Leben in seinen vielfältigen Formen unterstützt.

Der Tod ist somit nicht das Ende eines Lebens, sondern der Beginn eines neuen Abschnitts im Kreislauf der Natur. Die Energie, die während des Lebens eines Organismus gespeichert wurde, wird nach dem Tod freigesetzt und trägt zur Entstehung neuen Lebens bei. Dieses Wissen kann uns helfen, den Tod weniger als Verlust und mehr als Teil eines natürlichen und kontinuierlichen Prozesses zu sehen. In vielen Kulturen und Philosophien wird diese Sichtweise bereits geteilt, und das wissenschaftliche Verständnis der Energiewandlung kann diese Perspektive weiter stärken. Es lädt uns ein, die Schönheit und Harmonie der natürlichen Zyklen zu erkennen und unsere Einstellung zu Sterblichkeit und Leben zu überdenken.

Durch die detaillierte Untersuchung dieser Prozesse gewinnen wir Einblicke in die grundlegenden Prinzipien, die Leben und Tod regieren, und bereichern so unser Verständnis beider. Diese Einsichten können auch Einfluss auf unsere kulturellen und spirituellen Ansichten haben, indem sie uns dazu anregen, über die Bedeutung von Leben und Tod und die Rolle der Energie im Universum nachzudenken. Letztlich trägt das Verständnis der Energiewandlung dazu bei, unser Wissen über die Welt, in der wir leben, zu vertiefen und uns die Komplexität und Schönheit der natürlichen Prozesse, die unser Leben ermöglichen, bewusst zu machen.

Dieses tiefere Verständnis kann uns dazu inspirieren, unsere Lebensweise und unseren Umgang mit der Natur zu überdenken. Es kann uns helfen, nachhaltigere und umweltfreundlichere Entscheidungen zu treffen, die die natürlichen Kreisläufe respektieren und unterstützen. Das Bewusstsein für die kontinuierliche Umwandlung von Energie kann uns auch eine tiefere Wertschätzung für die Ressourcen, die uns zur Verfügung stehen, und die Notwendigkeit, sie zu schützen und zu bewahren, vermitteln. Letztendlich zeigt uns das Verständnis der Energiewandlung nach dem Tod die tiefe Verbundenheit aller Lebewesen und die Bedeutung der natürlichen Prozesse, die das Leben auf der Erde ermöglichen.

Energie und Vergänglichkeit - Die Reise nach dem Tod

Struktur des Buches

Das Buch ist so strukturiert, dass es den Leser durch die verschiedenen Phasen der Energiewandlung und Zersetzung führt:

Kapitel 1: Der menschliche Körper als Energiesystem führt in die grundlegenden Prinzipien der Energiespeicherung und des Stoffwechsels im menschlichen Körper ein.

Kapitel 2: Die letzten Momente des Lebens beschreibt die physiologischen und energetischen Veränderungen, die beim Tod auftreten.

Kapitel 3: Im Moment des Todes behandelt die unmittelbaren Veränderungen nach dem Tod und die ersten Energiemetamorphosen.

Kapitel 4: Die ersten Stunden nach dem Tod beschreibt die frühen Phasen der Zersetzung und die damit verbundenen Energiemuster.

Kapitel 5: Der Zersetzungsprozess untersucht die biochemischen und ökologischen Aspekte der Zersetzung.

Kapitel 6: Langfristige Energiemetamorphosen diskutiert, wie zersetzte Materialien in ökologische Kreisläufe integriert werden.

Kapitel 7: Ökologische und physikalische Perspektiven bietet Einblicke in die umfassenderen Umweltfolgen der Zersetzung.

Kapitel 8: Philosophische und kulturelle Überlegungen betrachtet kulturelle Ansichten zum Tod und zur Energiewandlung.

Schlussfolgerung fasst die wesentlichen Erkenntnisse zusammen und beleuchtet deren Bedeutung.

Fazit:

Der Tod ist ein Übergang, der durch die Umwandlung gespeicherter Energie in neue Formen gekennzeichnet ist. Die dabei ablaufenden Prozesse verdeutlichen die Verbundenheit von Leben und Tod im natürlichen Zyklus. Durch das Verständnis der Energiewandlung und der Rolle der Zersetzung gewinnen wir wertvolle Einblicke in die Kontinuität des Lebens und die Vernetzung aller lebenden Dinge. Wenn wir diese Erkundung beginnen, laden wir die Leser ein, sowohl die wissenschaftlichen Details als auch die breiteren philosophischen und ökologischen Bedeutungen dieser Prozesse zu betrachten.

Energie und Vergänglichkeit - Die Reise nach dem Tod

Kapitel 1:
Der menschliche Körper als Energiesystem

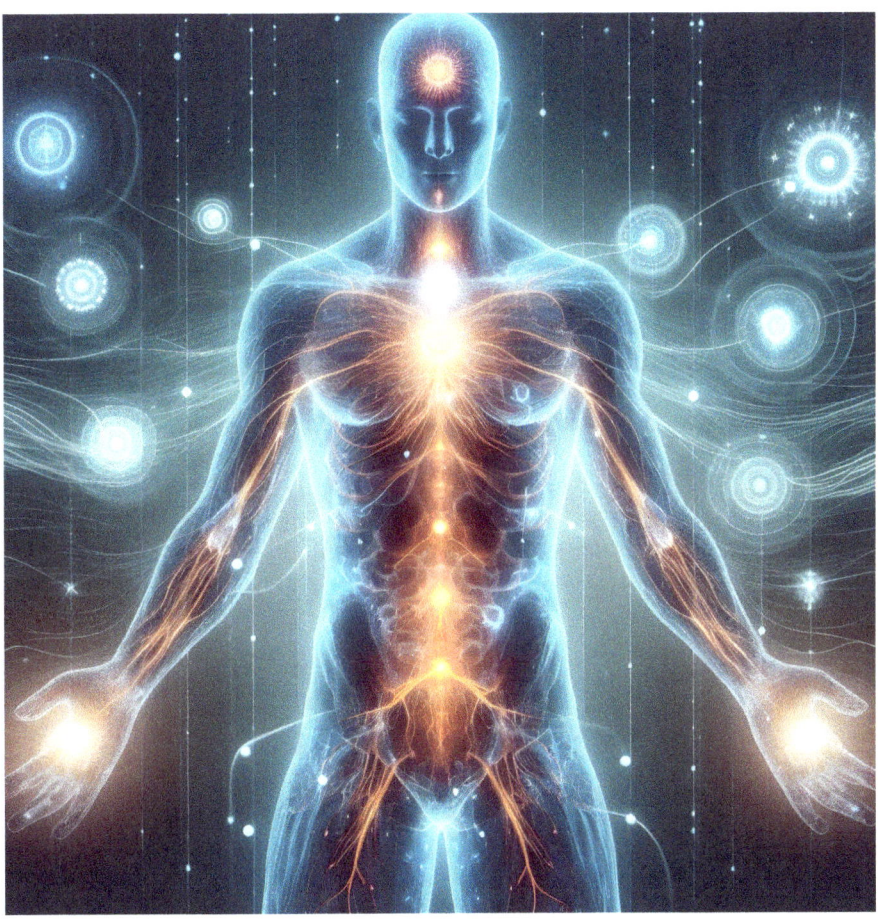

Energie und Vergänglichkeit - Die Reise nach dem Tod

1.1. Chemische Zusammensetzung des Körpers

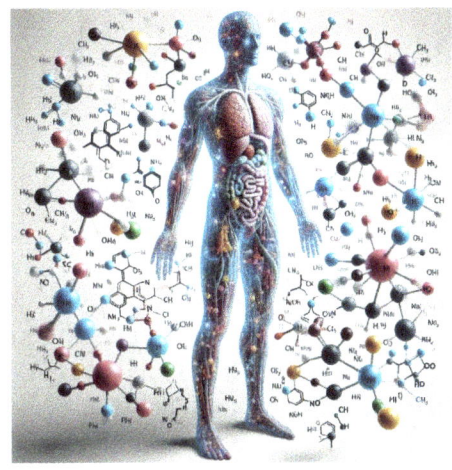

Der menschliche Körper besteht aus einer Vielzahl von chemischen Verbindungen, die als Energiequellen dienen. Die Hauptbestandteile, die für die Energieproduktion und -speicherung verantwortlich sind, umfassen Fette, Proteine und Kohlenhydrate. Diese Makronährstoffe sind essenziell für die Aufrechterhaltung von Lebensfunktionen und den Energiehaushalt. Ihre spezifischen Eigenschaften und Funktionen ermöglichen es dem Körper, effizient zu arbeiten und sich an verschiedene Anforderungen anzupassen. Durch die ständige Umwandlung und den Austausch dieser chemischen Verbindungen kann der Körper eine Vielzahl von Aktivitäten und Prozessen unterstützen, die für das Überleben und die Gesundheit von entscheidender Bedeutung sind.

1.1.1. Fette

Fette sind die Hauptquelle für langfristige Energie und enthalten etwa 9 kcal pro Gramm. Sie sind in erster Linie in Form von Triglyceriden gespeichert, die in Fettgeweben wie dem subkutanen Fett und dem viszeralen Fett vorhanden sind. Diese Fettgewebe dienen als Energiespeicher und Isolatoren, die den Körper vor Kälte schützen und mechanische Stöße abfedern.

Triglyceride:

Diese bestehen aus drei Fettsäuren, die an ein Glycerinmolekül gebunden sind. Triglyceride dienen als langfristiger Energiespeicher. Bei Energiemangel oder körperlicher Anstrengung werden sie durch Lipolyse in Fettsäuren und Glycerin gespalten, die dann in die Blutbahn freigesetzt und in den Zellen oxidiert werden, um ATP zu produzieren.

Der Prozess der Lipolyse wird durch Hormone wie Adrenalin und Glukagon reguliert, die bei Stress oder Fasten freigesetzt werden. Diese Hormone aktivieren Enzyme, die den Abbau der Triglyceride fördern, wodurch Fettsäuren freigesetzt werden, die dann in den Mitochondrien der Zellen zur Energieproduktion genutzt werden.

Phospholipide:

Diese sind Hauptbestandteile der Zellmembranen und tragen zur Stabilität und Flexibilität der Membranen bei. Sie spielen eine weniger zentrale Rolle als Energiequelle, sind aber wichtig für die Zellstruktur und -funktion. Phospholipide bilden eine doppelte Schicht, die als Barriere fungiert und den Austausch von Substanzen zwischen dem Zellinneren und der äußeren Umgebung kontrolliert. Sie sind auch an der Signalübertragung und der Kommunikation zwischen Zellen beteiligt, indem sie Signalmoleküle in und aus der Zelle transportieren und dadurch die zellulären Reaktionen auf äußere und innere Reize steuern.

Steroide:

Cholesterin ist ein bedeutendes Steroid, das in Zellmembranen eingebaut wird und als Vorläufer für die Synthese von Steroidhormonen wie Testosteron und Östrogen dient. Diese Hormone sind entscheidend für die Regulierung vieler physiologischer Prozesse, einschließlich Wachstum, Stoffwechsel und Fortpflanzung. Cholesterin wird in der Leber synthetisiert und ist auch in der Nahrung enthalten. Neben seiner Rolle als Hormonvorläufer trägt Cholesterin zur Stabilität und Fluidität der Zellmembranen bei und ist an der Bildung von Lipidrafts beteiligt, die spezielle Mikrodomänen in der Membran darstellen und wichtige Funktionen in der Signaltransduktion haben.

1.1.2. Proteine

Proteine sind Makromoleküle, die aus Aminosäuren bestehen und etwa 4 kcal pro Gramm liefern. Sie spielen eine wesentliche Rolle in der Struktur, Funktion und Regulation des Körpers. Proteine sind an nahezu allen biologischen Prozessen beteiligt und erfüllen vielfältige Aufgaben, die von der Bereitstellung struktureller Unterstützung bis zur Vermittlung biochemischer Reaktionen reichen.

Strukturelle Proteine:

Diese Proteine, wie Kollagen und Elastin, sind Hauptbestandteile des Bindegewebes und der Haut. Kollagen sorgt für Festigkeit und Elastizität, während Elastin die Dehnbarkeit des Gewebes ermöglicht. Diese Proteine sind auch in Knochen, Sehnen und Bändern zu finden, wo sie zur mechanischen Stabilität und Funktion beitragen. Kollagenfasern bilden ein dichtes Netzwerk, das die strukturelle Integrität des Gewebes gewährleistet, während Elastinfasern die Rückstellkraft und Flexibilität erhöhen.

Funktionelle Proteine:

Enzyme, die biochemische Reaktionen beschleunigen, sowie Transportproteine wie Hämoglobin, das Sauerstoff im Blut transportiert. Enzyme sind hochspezifisch und katalysieren alle lebenswichtigen chemischen Reaktionen im Körper, während Transportproteine wie Hämoglobin für den Sauerstofftransport und die Aufrechterhaltung des Säure-Basen-Gleichgewichts im Blut verantwortlich sind. Enzyme wie Amylase und Lipase sind für den Abbau von Nahrungsbestandteilen verantwortlich, während andere, wie DNA-Polymerase, in der DNA-Replikation und Reparatur tätig sind.

Regulatorische Proteine:

Hormone wie Insulin, das den Blutzuckerspiegel reguliert, spielen ebenfalls eine Schlüsselrolle in verschiedenen Stoffwechselprozessen. Insulin wird von der Bauchspeicheldrüse produziert und hilft, Glukose aus dem Blut in die Zellen zu transportieren, wo sie zur Energiegewinnung genutzt wird. Andere wichtige regulatorische Proteine sind Wachstumshormone und Neurotransmitter, die die Kommunikation zwischen Nervenzellen ermöglichen. Diese Hormone und Signalmoleküle regulieren eine Vielzahl von physiologischen Prozessen, einschließlich Wachstum, Entwicklung, Fortpflanzung und Stoffwechsel, und gewährleisten die harmonische Funktion des Körpers.

1.1.3. Kohlenhydrate

Kohlenhydrate sind die bevorzugte Energiequelle für den Körper und liefern etwa 4 kcal pro Gramm. Sie sind in zwei Hauptformen vorhanden: einfache Zucker und komplexe Polysaccharide. Kohlenhydrate sind für die schnelle Bereitstellung von Energie unerlässlich und spielen eine wichtige Rolle in der Energiebereitstellung während körperlicher Aktivität und im täglichen Stoffwechsel.

Einfachzucker:

Glucose, Fructose und Galactose sind schnell verfügbare Energiequellen. Glucose ist besonders wichtig für die Energieversorgung von Gehirn und Muskeln. Sie wird über die Nahrung aufgenommen und im Blut transportiert. Die Regulation des Blutzuckerspiegels ist entscheidend für die Aufrechterhaltung der Homöostase und wird durch Hormone wie Insulin und Glukagon kontrolliert. Glucose kann direkt in den Zellen zur Energieproduktion verwendet werden oder in Form von Glykogen in Leber und Muskeln gespeichert werden, um bei Bedarf schnell mobilisiert zu werden.

Komplexe Kohlenhydrate:

Stärke und Glykogen sind Speichermoleküle, die in Leber und Muskeln gespeichert werden. Glykogen dient als schnelle Energiequelle bei körperlicher Aktivität und kann in Glucose umgewandelt werden, wenn der Energiebedarf steigt. Die Speicherung und Mobilisierung von Glykogen erfolgt durch Enzyme wie Glykogen-Synthase und Glykogen-Phosphorylase, die durch hormonelle und neuronale Signale reguliert werden. Stärke, die in pflanzlichen Lebensmitteln vorkommt, wird durch Verdauungsenzyme in einfache Zucker zerlegt, die dann in den Blutkreislauf aufgenommen werden.

1.2. Energiestoffwechsel im Körper

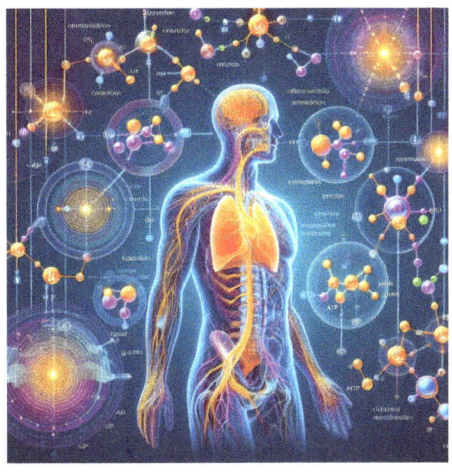

Der Energiestoffwechsel beschreibt die biochemischen Prozesse, durch die der Körper Nährstoffe in Energie umwandelt und diese Energie zur Unterstützung seiner Funktionen nutzt. Dieser Prozess kann in zwei Hauptkategorien unterteilt werden: Katabolismus und Anabolismus. Diese beiden Prozesse sind eng miteinander verknüpft und ermöglichen es dem Körper, sich an wechselnde Energieanforderungen und Umweltbedingungen anzupassen.

1.2.1. Katabolismus

Katabolismus ist der Prozess des Abbaus von Nährstoffen, um Energie zu gewinnen. Dieser Vorgang umfasst mehrere Phasen:

Glykolyse:

Der Abbau von Glucose zu Pyruvat, der im Zytoplasma der Zelle stattfindet. Glykolyse produziert 2 Moleküle ATP pro Glucosemolekül und bereitet die Glucose für den Citratzyklus vor. Neben ATP werden auch NADH-Moleküle produziert, die in der Elektronentransportkette weiterverwendet werden. Die Regulation der Glykolyse erfolgt durch Schlüsselenzyme wie Hexokinase und Phosphofructokinase, die durch Feedback-Mechanismen kontrolliert werden. Diese Regulation ermöglicht es dem Körper, den Energiebedarf genau zu steuern und den Glucoseabbau an die aktuellen Bedürfnisse anzupassen.

Citratzyklus (Krebszyklus):

Im Inneren der Mitochondrien wird Pyruvat weiter abgebaut. Der Citratzyklus erzeugt energiereiche Moleküle wie NADH und $FADH_2$, die in die Elektronentransportkette eingespeist werden. Dieser Zyklus spielt eine zentrale Rolle im Stoffwechsel und ist ein Schnittpunkt für verschiedene biochemische Wege, einschließlich der Oxidation von Fetten und Aminosäuren. Die Regulation des Citratzyklus erfolgt durch die Verfügbarkeit von Substraten und die Energiebedürfnisse der Zelle. Der Citratzyklus ist ein komplexes Netzwerk von Reaktionen, die durch Enzyme katalysiert werden, und seine Effizienz hängt von der Verfügbarkeit von Coenzymen und Substraten ab.

Oxidative Phosphorylierung:

Diese Phase findet in der inneren Mitochondrienmembran statt, wo NADH und $FADH_2$ ihre Elektronen abgeben. Die Elektronen durchlaufen die Elektronentransportkette, und die Energie wird genutzt, um ATP zu synthetisieren. Der Prozess produziert auch Wasser als Endprodukt. Die Effizienz der oxidativen Phosphorylierung wird durch den Protonengradienten über die innere Mitochondrienmembran bestimmt, der durch die ATP-Synthase genutzt wird, um ATP aus ADP und anorganischem Phosphat zu produzieren. Dieser Prozess ist entscheidend für die Energiebereitstellung und die Aufrechterhaltung der zellulären Funktionen.

1.2.2. Anabolismus

Anabolismus ist der Prozess der Synthese von Molekülen aus einfacheren Bausteinen, der Energie erfordert:

Proteinsynthese:

Aminosäuren werden zu Proteinen zusammengesetzt. Dies ist ein energieintensiver Prozess, der für Zellreparatur, Wachstum und die Bildung von Enzymen notwendig ist. Die Synthese beginnt mit der Transkription von DNA in mRNA, gefolgt von der Translation der mRNA in Polypeptidketten durch Ribosomen. Die entstehenden Proteine werden anschließend gefaltet und modifiziert, um ihre endgültige funktionale Form zu erreichen. Diese Prozesse werden durch eine Vielzahl von Enzymen und molekularen Maschinen kontrolliert, die die Genauigkeit und Effizienz der Proteinsynthese sicherstellen.

Glykogenese:

Die Bildung von Glykogen aus Glucosemolekülen, die in Leber und Muskeln gespeichert werden. Dieser Prozess hilft, überschüssige Glucose zu speichern, die später bei Bedarf mobilisiert wird. Die Glykogenese wird durch das Enzym Glykogen-Synthase katalysiert, das durch Insulin aktiviert wird. Bei Energiemangel wird Glykogen durch Glykogenolyse abgebaut, um schnell verfügbare Glucose bereitzustellen.

Diese Regulation ermöglicht es dem Körper, Energie effizient zu speichern und bei Bedarf schnell freizusetzen.

Lipogenese:

Die Umwandlung von überschüssiger Glucose und anderen Nährstoffen in Fettsäuren und deren Speicherung als Triglyceride. Dies dient als langfristiger Energiespeicher und ist besonders wichtig für Zeiten von Energiemangel. Die Lipogenese findet hauptsächlich in der Leber statt und wird durch Enzyme wie Acetyl-CoA-Carboxylase und Fettsäure-Synthase reguliert. Hormonelle Signale wie Insulin fördern die Lipogenese, während Glukagon und Adrenalin sie hemmen. Diese Prozesse gewährleisten, dass überschüssige Energie effizient gespeichert wird und bei Bedarf mobilisiert werden kann.

Fazit:

Der menschliche Körper ist als Energiesystem ein komplexes und stark reguliertes Netzwerk biochemischer Prozesse. Die Fähigkeit des Körpers, Energie aus verschiedenen Nährstoffen zu gewinnen, zu speichern und effizient zu nutzen, ist für das Überleben und optimale Funktionieren von entscheidender Bedeutung. Fette, Proteine und Kohlenhydrate spielen in diesem komplexen System jeweils eine spezifische und unverzichtbare Rolle und sorgen dafür, dass sich der Körper an unterschiedliche Bedingungen anpassen und die Homöostase aufrechterhalten kann. Diese Makronährstoffe unterstützen eine Vielzahl von physiologischen Prozessen und sind wesentlich für die Erhaltung der Gesundheit und Vitalität. Durch die präzise Regulation und das Zusammenspiel dieser Nährstoffe kann der menschliche Körper sowohl kurzfristige als auch langfristige Energieanforderungen bewältigen und seine vielfältigen Funktionen effizient erfüllen.

Energie und Vergänglichkeit - Die Reise nach dem Tod

1.3. Energiehaushalt und Körperfunktionen

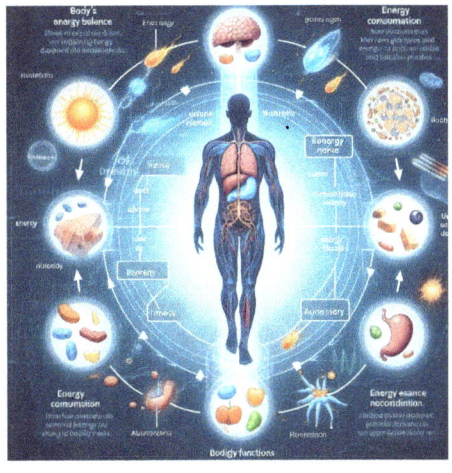

Der Energiehaushalt des menschlichen Körpers ist ein komplexes Gleichgewicht, das den feinen Unterschied zwischen der aufgenommenen und der verbrauchten Energie beschreibt. Um alle lebenswichtigen Funktionen des Körpers aufrechtzuerhalten, benötigt ein durchschnittlicher Erwachsener täglich eine Energiezufuhr von etwa 2.500 bis 3.000 Kilokalorien (kcal). Diese Energiemenge wird durch den Verzehr von Lebensmitteln und Getränken aufgenommen und muss sorgfältig mit dem Energieverbrauch abgestimmt werden, um die körperliche Gesundheit und das allgemeine Wohlbefinden zu gewährleisten. Ein Ungleichgewicht zwischen Energieaufnahme und -verbrauch kann zu Gewichtszunahme oder -verlust führen und damit das Risiko für verschiedene gesundheitliche Probleme erhöhen oder senken. Der Energiehaushalt des Körpers setzt sich aus mehreren Komponenten zusammen, die jeweils spezifische Rollen und Anforderungen haben und durch eine Vielzahl von Faktoren beeinflusst werden. Diese Komponenten sind eng miteinander verknüpft und arbeiten zusammen, um sicherzustellen, dass der Körper alle notwendigen Funktionen effizient und reibungslos ausführen kann. Das Verständnis dieser Komponenten und ihrer Wechselwirkungen ist entscheidend, um die energetische Dynamik des Körpers zu erfassen und die fundamentalen Prinzipien zu verstehen, die das Leben und seine Funktionen steuern.

1.3.1. Basalstoffwechselrate (BMR)

Die Basalstoffwechselrate (BMR), auch Grundumsatz genannt, ist die Menge an Energie, die der Körper in völliger Ruhe benötigt, um grundlegende lebensnotwendige Funktionen wie Atmung, Herzschlag, Zellstoffwechsel und die Aufrechterhaltung der Körpertemperatur zu gewährleisten. Diese Energie wird rund um die Uhr benötigt, unabhängig davon, ob der Körper aktiv ist oder sich im Ruhezustand befindet. Der BMR macht etwa 60 bis 75 Prozent des täglichen Energieverbrauchs aus, was zeigt, wie bedeutend dieser Anteil des Energiehaushalts ist. Verschiedene Faktoren beeinflussen die Höhe der BMR, darunter Alter, Geschlecht, Körperzusammensetzung und genetische Veranlagung, die alle eine Rolle dabei spielen, wie effizient der Körper Energie nutzt und in Ruhe verbraucht.

Alter:

Mit zunehmendem Alter neigt der Körper dazu, weniger Energie in Ruhe zu verbrauchen. Dies liegt daran, dass die Muskelmasse, die einen höheren Energieverbrauch fördert, tendenziell abnimmt, während der Anteil an Fettgewebe zunimmt, das weniger Energie benötigt. Zudem verlangsamt sich der Stoffwechsel im Laufe der Jahre, was zu einem niedrigeren BMR führt. Dieser natürliche Rückgang des BMR ist ein Grund, warum ältere Menschen oft weniger Kalorien benötigen als jüngere, um ihr Gewicht zu halten.

Geschlecht:

Im Allgemeinen haben Männer eine höhere BMR als Frauen. Dies ist hauptsächlich auf den höheren Anteil an Muskelmasse bei Männern zurückzuführen, da Muskelgewebe mehr Energie verbraucht als Fettgewebe. Dieser Unterschied bedeutet, dass Männer in der Regel mehr Kalorien benötigen, um ihre Grundfunktionen aufrechtzuerhalten. Frauen, die tendenziell einen höheren Anteil an Fettgewebe haben, benötigen weniger Energie, was sich in einer niedrigeren BMR widerspiegelt.

Körperzusammensetzung:

Personen mit einem höheren Anteil an Muskelmasse haben einen höheren BMR, da Muskelgewebe stoffwechselaktiver ist und mehr Energie verbraucht als Fettgewebe. Sportler oder Menschen, die regelmäßig Krafttraining betreiben, haben daher oft einen höheren Grundumsatz. Ein gut trainierter Körper verbraucht nicht nur während des Trainings mehr Energie, sondern auch in Ruhe, da mehr Energie benötigt wird, um die erhöhte Muskelmasse zu versorgen und zu erhalten.

Genetische Veranlagung:

Die genetische Ausstattung eines Menschen kann die Effizienz des Stoffwechsels und somit die Höhe der BMR beeinflussen. Einige Menschen haben aufgrund ihrer genetischen Veranlagung einen schnelleren Stoffwechsel, was zu einem höheren Energieverbrauch in Ruhe führt, während andere aufgrund eines langsameren Stoffwechsels einen niedrigeren BMR haben. Diese genetischen Unterschiede können erklären, warum manche Menschen trotz ähnlicher Ernährungs- und Bewegungsgewohnheiten unterschiedliche Schwierigkeiten haben, ihr Gewicht zu kontrollieren.

1.3.2. Körperliche Aktivität

Die Energie, die durch körperliche Aktivitäten verbraucht wird, kann stark variieren und hängt von der Art, Intensität und Dauer der Aktivität ab. Körperliche Aktivität ist ein wesentlicher Bestandteil des Energiehaushalts und kann den täglichen Kalorienverbrauch erheblich beeinflussen. Regelmäßige Bewegung trägt nicht nur zur Erhaltung der körperlichen Fitness bei, sondern spielt auch eine entscheidende Rolle bei der Gewichtskontrolle und der Vorbeugung von Krankheiten.

Leichte Aktivitäten:

Zu den leichten Aktivitäten gehören alltägliche Bewegungen wie Gehen, Hausarbeit oder leichtes Yoga. Diese Aktivitäten erfordern eine moderate Menge an Energie und tragen zur täglichen Beweglichkeit und zum allgemeinen Wohlbefinden bei. Obwohl sie weniger zur Erhöhung des täglichen Kalorienverbrauchs beitragen, sind sie dennoch wichtig, um einen aktiven Lebensstil zu fördern und die negativen Auswirkungen eines sesshaften Lebensstils zu vermeiden. Leichte Aktivitäten können helfen, den Stoffwechsel anzukurbeln und den Körper in Bewegung zu halten, was langfristig zur Erhaltung der Gesundheit beiträgt.

Intensive Aktivitäten:

Intensive körperliche Aktivitäten wie Laufen, Schwimmen, Radfahren oder Gewichtheben erfordern signifikant mehr Energie und tragen wesentlich zur Steigerung des täglichen Kalorienverbrauchs bei. Diese Aktivitäten sind nicht nur effektiv zur Verbesserung der kardiovaskulären Gesundheit, sondern fördern auch den Muskelaufbau und die allgemeine körperliche Fitness. Intensive Aktivitäten können den Energiebedarf des Körpers deutlich erhöhen und sind besonders nützlich, um überschüssige Kalorien zu verbrennen und das Körpergewicht zu kontrollieren. Darüber hinaus tragen sie zur Verbesserung der Ausdauer, Kraft und Flexibilität bei und können das Risiko für chronische Krankheiten wie Herz-Kreislauf-Erkrankungen, Diabetes und Fettleibigkeit reduzieren.

1.3.3. Thermogenese

Thermogenese bezieht sich auf die Wärmeproduktion des Körpers zur Regulierung der Körpertemperatur und spielt eine wesentliche Rolle im Energiehaushalt. Dieser Prozess umfasst verschiedene Mechanismen, durch die der Körper Energie in Form von Wärme freisetzt, um seine Temperatur konstant zu halten und den Stoffwechsel zu unterstützen. Die Thermogenese trägt auch dazu bei, überschüssige Energie zu verbrennen, was insbesondere bei der Gewichtsregulation von Bedeutung ist.

Verdauungsthermogenese:

Auch als thermischer Effekt von Lebensmitteln (TEF) bezeichnet, beschreibt die Verdauungsthermogenese die Energie, die der Körper benötigt, um Nahrung zu verdauen, aufzunehmen, zu transportieren und zu metabolisieren. Nach dem Essen steigt der Energieverbrauch, da der Körper intensiv arbeitet, um die Nährstoffe aus der Nahrung zu extrahieren und sie in verwertbare Energie oder Speicherformen wie Glykogen und Fett umzuwandeln. Die TEF variiert je nach Art der verzehrten Lebensmittel. Proteine haben beispielsweise einen höheren thermischen Effekt als Fette und Kohlenhydrate, was bedeutet, dass der Körper mehr Energie benötigt, um Proteine zu verdauen. Dieser Prozess kann bis zu 10% des täglichen Energieverbrauchs ausmachen und spielt eine Rolle bei der Regulierung des Energiehaushalts.

Aktive Thermogenese:

Diese Form der Thermogenese umfasst die Wärmeproduktion durch körperliche Aktivität und Muskelarbeit. Jede Form von Bewegung, sei es intensives Training oder alltägliche Aktivitäten, führt zu einem Anstieg der Körpertemperatur und damit zu einem höheren Energieverbrauch. Aktive Thermogenese ist ein wichtiger Mechanismus, um überschüssige Energie zu verbrennen und die Körpertemperatur während körperlicher Anstrengung zu regulieren. Diese Form der Thermogenese ist besonders effektiv bei der Steigerung des Kalorienverbrauchs und trägt zur Aufrechterhaltung eines gesunden Körpergewichts bei. Durch die Kombination von aktiver Thermogenese und regelmäßiger Bewegung können die positiven Effekte auf den Stoffwechsel maximiert werden, was zu einer besseren Kontrolle des Energiehaushalts und einer verbesserten allgemeinen Gesundheit führt.

Zusammenfassung:

Der menschliche Körper ist ein hochkomplexes Energiesystem, das verschiedene chemische Verbindungen zur Energiegewinnung und -speicherung nutzt. Die Hauptquellen sind Fette, Proteine und Kohlenhydrate, die durch umfassende metabolische Prozesse verwaltet werden. Der Energiehaushalt des Körpers umfasst mehrere Schlüsselfaktoren wie die Basalstoffwechselrate (BMR), körperliche Aktivitäten und die Thermogenese. Diese Komponenten arbeiten zusammen, um sicherzustellen, dass der Körper alle notwendigen Funktionen effizient ausführen kann. Ein Verständnis dieser Prozesse ist entscheidend, um die energetische Dynamik des Körpers zu erfassen und die fundamentalen Prinzipien zu verstehen, die das Leben und seine Funktionen steuern. Ein gut ausbalancierter Energiehaushalt ist entscheidend für die Aufrechterhaltung der Gesundheit, die Vermeidung von Übergewicht und Untergewicht und die Förderung eines langfristigen Wohlbefindens.

Energie und Vergänglichkeit - Die Reise nach dem Tod

Kapitel 2:
Die letzten Momente des Lebens

Die letzten Momente des Lebens sind von einer Vielzahl tiefgreifender, komplexer physiologischer und biochemischer Veränderungen im menschlichen Körper geprägt. Diese Veränderungen sind integrale Bestandteile des natürlichen Sterbeprozesses und sind sowohl auf physische als auch biochemische Aspekte des Körpers bezogen. Im Laufe dieser letzten Phase des Lebens kommt es zu signifikanten Veränderungen in der Funktionsweise der Organe, der Blutzirkulation und der Atmung. Gleichzeitig treten auch tiefgreifende biochemische

Umstellungen auf, die den Körper auf das bevorstehende Ende vorbereiten.

Für die betroffene Person und ihre Angehörigen ist diese Zeit besonders herausfordernd. Emotionale Belastungen und physische Veränderungen erfordern ein hohes Maß an Geduld und Verständnis. Die betroffene Person kann mit einer Vielzahl von Symptomen konfrontiert sein, die sowohl körperlich als auch emotional belastend sind. Angehörige stehen vor der schwierigen Aufgabe, diesen Prozess mitzuerleben und die notwendige Unterstützung zu leisten, während sie gleichzeitig ihre eigenen Emotionen bewältigen müssen.

Ein umfassendes Verständnis der zugrunde liegenden physiologischen und biochemischen Prozesse kann erheblich dazu beitragen, diese herausfordernde Zeit besser zu bewältigen. Es ermöglicht nicht nur eine tiefere Einsicht in den Sterbeprozess selbst, sondern auch ein größeres Einfühlungsvermögen für die betroffene Person und ihre Familie. Solches Wissen kann dazu beitragen, angemessene Unterstützung zu leisten, Ängste zu mindern und die verbleibende Zeit mit mehr Gelassenheit und Klarheit zu erleben. Durch das Verständnis der Veränderungen und der zugrunde liegenden Mechanismen können Angehörige und Pfleger besser auf die Bedürfnisse der betroffenen Person eingehen und diesen letzten Lebensabschnitt würdevoll begleiten.

2.1. Physiologische Veränderungen unmittelbar vor dem Tod

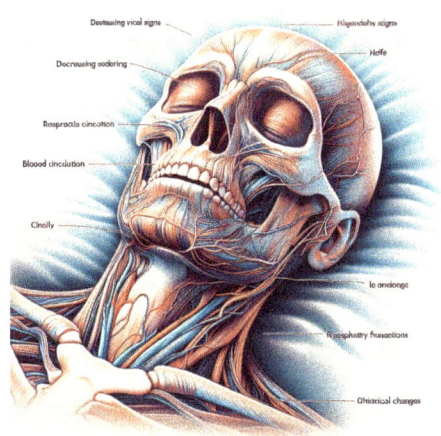

In den letzten Stunden und Tagen vor dem Tod durchläuft der Körper eine Vielzahl physiologischer Veränderungen, die auf das bevorstehende Lebensende hinweisen. Diese Veränderungen können von Person zu Person variieren, aber einige häufige Anzeichen und Symptome sind gut dokumentiert und weit verbreitet.

2.1.1. Der Prozess der Sterblichkeit

Sterblichkeit ist ein äußerst komplexer Prozess, der in mehrere Phasen unterteilt werden kann und durch eine Vielzahl von Symptomen gekennzeichnet ist. Diese Symptome und Anzeichen sind oft klar erkennbar und weisen darauf hin, dass der Körper sich auf das bevorstehende Ende vorbereitet.

Terminale Phase:

In den letzten Stunden bis Tagen vor dem Tod verlangsamen sich die Körperfunktionen erheblich. Der Blutdruck sinkt kontinuierlich, und die Herzfrequenz kann unregelmäßig und schwächer werden. Die Atmung wird zunehmend flacher und unregelmäßiger. Diese Veränderungen sind deutliche Anzeichen dafür, dass der Körper beginnt, seine lebenswichtigen Funktionen allmählich einzustellen. Weitere Symptome in dieser Phase können eine deutliche Abnahme der Urinproduktion und eine zunehmende Müdigkeit oder Schwäche sein. Die betroffene Person kann erhebliche Schwierigkeiten haben, wach zu bleiben oder bei Bewusstsein zu bleiben, was auf den zunehmenden Abbau der lebenswichtigen Körperfunktionen hinweist. Die terminale Phase ist oft durch eine generelle Schwäche gekennzeichnet, die es der betroffenen Person schwer macht, einfache Aktivitäten des täglichen Lebens durchzuführen. Diese Schwäche kann so stark sein, dass die Person nicht mehr in der Lage ist, aus dem Bett aufzustehen oder sich selbst zu versorgen. Der kontinuierliche Abbau der Körperfunktionen in dieser Phase ist ein deutlicher Hinweis darauf, dass der Tod unmittelbar bevorsteht.

Veränderungen der Atmung:

Die Atmung kann unregelmäßig werden und in einigen Fällen eine sogenannte „Cheyne-Stokes-Atmung" aufweisen. Diese Art der Atmung ist durch Perioden schneller und tiefer Atmung gefolgt von Phasen der Atempausen gekennzeichnet. Diese Atemmuster sind ein Zeichen dafür, dass das zentrale Nervensystem nicht mehr korrekt funktioniert und die Steuerung der Atemmuskulatur nachlässt. In manchen Fällen kann es auch zu einer „agonal breathing" kommen, bei der die Atemzüge schwer und unregelmäßig sind, oft begleitet von lauten, rasselnden Geräuschen aufgrund der Ansammlung von Sekreten in den Atemwegen. Diese Veränderungen in der Atmung sind für Angehörige oft sehr belastend, da sie die Nähe des Todes deutlich anzeigen. Die unregelmäßige Atmung kann auch für die betroffene Person unangenehm sein, und in einigen Fällen kann es notwendig sein, Medikamente zu verabreichen, um die Atmung zu erleichtern und das Wohlbefinden der Person zu verbessern. Die Cheyne-Stokes-Atmung und das agonal breathing sind klare Anzeichen dafür, dass das zentrale Nervensystem seine Fähigkeit verliert, die lebenswichtigen Funktionen des Körpers aufrechtzuerhalten, und der Tod unmittelbar bevorsteht.

Veränderungen des Herz-Kreislaufsystems:

Der Herzschlag wird langsamer und schwächer, und in den letzten Stunden vor dem Tod kann das Herz intermittierende Pausen haben. Der Blutdruck kann drastisch sinken, was ein klares Zeichen dafür ist, dass das Herz-Kreislaufsystem kurz vor dem endgültigen Stillstand steht. Diese Phase kann auch durch eine zunehmende Kälte der Extremitäten begleitet werden, da der Körper die Blutzirkulation auf die lebenswichtigen Organe konzentriert und die Durchblutung der peripheren Gewebe reduziert. Dies führt oft dazu, dass die Hände und Füße der betroffenen Person kühl und bläulich verfärbt sind. Diese Veränderungen im Herz-Kreislaufsystem sind deutliche Anzeichen dafür, dass der Körper seine Bemühungen, die lebenswichtigen Funktionen aufrechtzuerhalten, einstellt und sich auf den Tod vorbereitet. In vielen Fällen kann auch eine deutliche Verringerung der Herzfrequenz beobachtet werden, die darauf hinweist, dass das Herz-

Kreislaufsystem nicht mehr in der Lage ist, den Blutfluss effektiv aufrechtzuerhalten. Diese Veränderungen können für die betroffene Person sehr belastend sein, und es ist wichtig, dass Pflegekräfte und Angehörige Verständnis und Unterstützung bieten, um diese Phase so angenehm wie möglich zu gestalten.

Hautveränderungen:

Die Haut kann blass und marmoriert erscheinen, da die Blutzirkulation abnimmt. In den letzten Stunden vor dem Tod kann es zu einer blauen Verfärbung der Haut an Händen, Füßen und Lippen kommen, bekannt als Zyanose. Diese Verfärbungen sind deutliche Anzeichen für einen Sauerstoffmangel im Blut und die abnehmende Effizienz des Kreislaufsystems. In vielen Fällen wird die Haut auch kälter und fühlt sich oft feucht oder schweißig an, was ein weiteres Zeichen für die abnehmende Funktion des Kreislaufsystems und die bevorstehenden körperlichen Veränderungen ist. Diese Veränderungen der Hautfarbe und -temperatur sind für Angehörige oft sehr beunruhigend, da sie visuelle Anzeichen für den bevorstehenden Tod sind. Es ist wichtig, dass Pflegekräfte und Angehörige in dieser Phase besonders einfühlsam und unterstützend sind, um der betroffenen Person und ihren Lieben zu helfen, diese schwierige Zeit so gut wie möglich zu bewältigen.

2.1.2. Neurologische Veränderungen

Neurologische Veränderungen sind ebenfalls ein wesentlicher Bestandteil der letzten Lebensmomente. Das zentrale Nervensystem beginnt zu versagen, was sich in verschiedenen Symptomen zeigt und die gesamte Funktion des Körpers beeinflusst. Diese Veränderungen können sowohl physische als auch emotionale Auswirkungen haben und sind oft ein deutlicher Hinweis auf den nahenden Tod.

Veränderung des Bewusstseins:

Die betroffene Person kann zunehmend verwirrt, schläfrig oder sogar ins Koma fallen. Diese Bewusstseinsveränderungen sind ein klares Zeichen dafür, dass das Gehirn nicht mehr effizient arbeitet und die Steuerung der Körperfunktionen zunehmend versagt. Die Person kann aufhören zu sprechen und reagiert möglicherweise nicht mehr auf Ansprachen oder Berührungen. Auch Halluzinationen oder Visionen von verstorbenen Angehörigen sind nicht ungewöhnlich und können als Teil des Übergangsprozesses betrachtet werden. Diese Erfahrungen können sowohl für die betroffene Person als auch für die Angehörigen sehr intensiv und emotional sein. Die Verwirrung und Desorientierung, die oft mit dem nahenden Tod einhergehen, können für die betroffene Person beängstigend sein, und es ist wichtig, dass Pflegekräfte und Angehörige beruhigend und unterstützend wirken, um das Wohlbefinden der Person zu fördern.

Reaktionsfähigkeit:

Reflexe wie die Pupillenreaktion auf Licht können vermindert sein oder ganz verschwinden. Die Reaktionsfähigkeit auf äußere Reize nimmt ab, und die Augen können starr oder glasig erscheinen. Dies ist ein Zeichen dafür, dass die neurologischen Funktionen abnehmen und das Gehirn seine Kontrollfähigkeit über den Körper verliert. Auch der Würgereflex kann vermindert sein, was das Risiko einer Aspiration erhöht, wenn Flüssigkeiten oder Nahrung in die Atemwege gelangen. Die verminderte Reaktionsfähigkeit ist ein klares Indiz dafür, dass das zentrale Nervensystem seine grundlegenden Funktionen nicht mehr aufrechterhalten kann. Diese Veränderungen sind oft sehr deutlich und können für Angehörige schwer zu beobachten sein, da sie die fortschreitende Verschlechterung des Zustands der betroffenen Person anzeigen.

Körperliche Bewegungen:

Unwillkürliche Bewegungen oder Muskelzuckungen können auftreten, aber die Koordination und Kontrolle über willkürliche Bewegungen nehmen ab. Diese Muskelzuckungen, auch Myoklonien genannt, sind oft ein Zeichen für den abnehmenden Einfluss des zentralen Nervensystems auf den Körper. In einigen Fällen können auch Krämpfe auftreten, die durch die unkontrollierte Aktivität der Nervenzellen im Gehirn verursacht werden. Diese neurologischen Veränderungen sind ein weiterer Hinweis darauf, dass der Körper sich auf den bevorstehenden Tod vorbereitet und die Kontrolle über grundlegende Funktionen verliert. Die unwillkürlichen Bewegungen können sowohl für die betroffene Person als auch für die Angehörigen beunruhigend sein.

2.2. Biochemische Prozesse zum Zeitpunkt des Todes

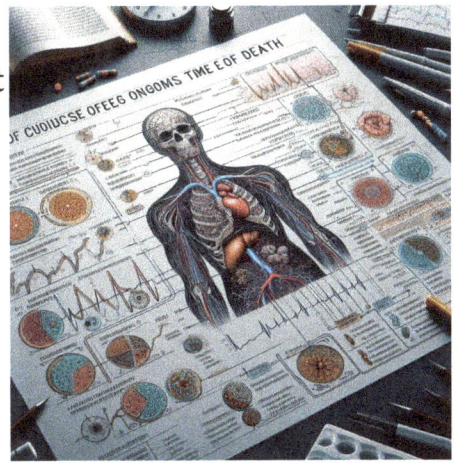

Mit dem Eintritt des Todes beginnen verschiedene biochemische Prozesse, die für die Veränderungen im Körper verantwortlich sind. Diese Prozesse markieren den Übergang von einem lebenden System zu einem Zustand der Zersetzung und sind von entscheidender Bedeutung für das Verständnis des Todes als biologisches Phänomen.

2.2.1. Energiemangel und Stoffwechselveränderungen

Energieausfall:

Sobald das Herz aufhört zu schlagen und die Blutzirkulation stoppt, hört die Zufuhr von Sauerstoff zu den Zellen auf. In diesem Moment ist es den Zellen nicht mehr möglich, das lebensnotwendige Adenosintriphosphat (ATP) zu produzieren. ATP ist die Hauptenergiequelle für Zellfunktionen und essentiell für alle biochemischen Prozesse innerhalb der Zellen. Ohne diese Energiequelle beginnen die Zellen schnell zu versagen. Der Energiemangel führt dazu, dass die Zellmembranen ihre Integrität verlieren, was bedeutet, dass die Zellstruktur und -funktion stark beeinträchtigt werden. Diese Situation ist der Auslöser einer Kette von biochemischen Veränderungen, die schließlich zum Zelltod führen.

Der Prozess des Energieausfalls ist komplex und beinhaltet verschiedene Stufen. Zuerst hören die Mitochondrien, die Kraftwerke der Zellen, auf zu funktionieren, da sie keinen Sauerstoff mehr zur ATP-Produktion erhalten. Infolgedessen können lebenswichtige Prozesse wie die Ionenpumpenaktivität in den Zellmembranen nicht mehr aufrechterhalten werden. Dies führt zu einer Dysregulation der Ionenverteilung, was die Zellmembranen destabilisiert und zur Folge hat, dass die Zellen aufhören, ordnungsgemäß zu funktionieren. Dies ist der erste Schritt in einer Reihe von biochemischen Veränderungen, die den vollständigen Zelltod einleiten.

Stoffwechselveränderungen:

Nachdem die Sauerstoffzufuhr unterbrochen wurde, schaltet der Körper auf anaeroben Stoffwechsel um, um die verbleibende Glucose ohne Sauerstoff abzubauen. Dieser Prozess, bekannt als anaerobe Glykolyse, führt zur Produktion von Milchsäure als Nebenprodukt. Die Ansammlung von Milchsäure führt zu einer zunehmenden Übersäuerung des Gewebes, einem Zustand, der als Laktazidose bekannt ist. Diese Übersäuerung stört die Funktion vieler Enzyme und Proteine innerhalb der Zellen, was zu einer weiteren Verschlechterung der Zellfunktionen führt.

Die zunehmende Konzentration von Milchsäure trägt wesentlich zur Azidose im Körper bei. Diese Azidose verschlimmert die Situation, indem sie die Zellen weiter schädigt und den Zerfallsprozess der Gewebe beschleunigt. Die biochemischen Veränderungen, die durch den Energiemangel und die Stoffwechselumstellung ausgelöst werden, führen schließlich dazu, dass die Zellen ihren strukturellen Zusammenhalt verlieren und sich der Zersetzungsprozess beschleunigt. Dieser komplexe biochemische Ablauf ist entscheidend für das Verständnis, wie der Tod auf zellulärer Ebene abläuft und wie die nachfolgenden Veränderungen den gesamten Körper betreffen.

Zusammenfassung:

Zusammenfassend lässt sich sagen, dass der Tod eine Kaskade biochemischer Ereignisse in Gang setzt, die mit einem sofortigen Energiemangel beginnt. Der Sauerstoffmangel führt zu einem Ausfall der ATP-Produktion, was die Zellfunktionen zum Erliegen bringt. Parallel dazu setzt der anaerobe Stoffwechsel ein, der zur Ansammlung von Milchsäure und zur Entwicklung einer Azidose führt. Diese biochemischen Prozesse verstärken sich gegenseitig und leiten den Zerfallsprozess des Körpers ein. Das Verständnis dieser Mechanismen ist von entscheidender Bedeutung, um die komplexen Vorgänge des Todes und der anschließenden Zersetzung des Körpers auf wissenschaftlicher Ebene zu begreifen.

2.2.2. Beginn der Autolyse

Autolyse:

Nachdem die Zellen ihren Energiespeicher vollständig aufgebraucht haben und nicht mehr in der Lage sind, neue Energie zu produzieren, beginnt ein bemerkenswerter und unvermeidlicher Prozess: die Autolyse. In diesem Zustand der absoluten Energielosigkeit beginnen die Zellen, sich selbst abzubauen. Enzyme, die normalerweise sicher in den Lysosomen der Zellen eingeschlossen sind, werden nun freigesetzt. Diese Enzyme, die in gesunden Zellen eine wichtige Rolle bei der Verdauung von zellulärem Abfall und der Aufrechterhaltung der Zellgesundheit spielen, beginnen nun, die Zelle von innen heraus zu zersetzen.

Dieser Prozess, bekannt als Autolyse, ist der Beginn des zellulären Zerfalls und der anschließenden Gewebeauflösung. Während der Autolyse werden die zelleigenen Enzyme aktiviert und brechen die Zellstrukturen systematisch ab. Die Zellmembranen werden durchlässig, und die Enzyme verdauen die zellulären Bestandteile wie Proteine, Lipide und Nukleinsäuren. Diese Selbstverdauung führt dazu, dass die Zellen ihre Form verlieren und die Gewebestrukturen allmählich zusammenbrechen.

Die Autolyse ist ein wesentlicher Bestandteil des postmortalen Zerfalls und markiert den Beginn der biologischen Zersetzung des Körpers. Dieser Prozess verläuft in verschiedenen Geweben und Organen unterschiedlich schnell, abhängig von Faktoren wie Temperatur, pH-Wert und der enzymatischen Ausstattung der jeweiligen Zellen. In Organen mit einer hohen Enzymkonzentration, wie der Leber und der Bauchspeicheldrüse, verläuft die Autolyse besonders rasch. Die Freisetzung und Aktivierung der lysosomalen Enzyme erfolgt unmittelbar nach dem Tod und setzt eine Kaskade von Reaktionen in Gang, die letztlich zur vollständigen Zersetzung der zellulären Strukturen führt.

Während der Autolyse verändern sich die physikalischen und chemischen Eigenschaften der Gewebe. Die betroffenen Zellen und Gewebe werden weicher und verlieren ihre strukturelle Integrität. Dieser Prozess ist ein zentraler Aspekt des natürlichen Zerfalls und bereitet den Körper auf die nachfolgenden Phasen der Zersetzung durch Mikroorganismen vor. Die Autolyse stellt somit die initiale Phase des postmortalen Zerfalls dar und ist entscheidend für das Verständnis der biologischen Vorgänge, die nach dem Tod ablaufen.

Zusammenfassung:

Zusammenfassend lässt sich sagen, dass die Autolyse einen kritischen Übergang im postmortalen Prozess darstellt. Durch die Freisetzung und Aktivierung lysosomaler Enzyme beginnen die Zellen, sich selbst zu verdauen und die strukturelle Integrität der Gewebe zu zerstören. Dieser Prozess ist der erste Schritt in einer Reihe von Ereignissen, die den Körper in den Zustand der vollständigen biologischen Zersetzung überführen. Das Verständnis der Autolyse und ihrer Mechanismen ist von grundlegender Bedeutung für die wissenschaftliche Erforschung des Todes und der nachfolgenden Zersetzungsprozesse.

2.2.3 Beteiligung von Enzymen

Enzymatische Aktivitäten:

Enzyme spielen eine zentrale und unverzichtbare Rolle im Prozess der Zersetzung von Zellstrukturen nach dem Tod. Zu den wichtigsten Enzymen gehören Proteasen und Lipasen, die jeweils spezifische Funktionen erfüllen. Proteasen sind Enzyme, die Proteine abbauen, indem sie die Peptidbindungen zwischen den Aminosäuren aufspalten. Dieser Prozess führt zur Zersetzung von Strukturproteinen und Enzymen innerhalb der Zellen, was die Integrität und Funktion der Zellen stark beeinträchtigt. Lipasen hingegen sind Enzyme, die Fette zersetzen. Sie katalysieren den Abbau von Triglyceriden in Fettsäuren und Glycerin, was zur Freisetzung von Lipidbestandteilen in die umliegenden Gewebe führt.

Die Aktivität dieser Enzyme hat tiefgreifende Auswirkungen auf den Zerfallsprozess. Durch den Abbau von Proteinen und Fetten wird die Zellmembran zunehmend durchlässiger, was den Zellen die Fähigkeit nimmt, ihre interne Umgebung aufrechtzuerhalten. Diese erhöhte Permeabilität führt letztlich dazu, dass die Zellen platzen, was als Zelllyse bezeichnet wird. Die freigesetzten Zellbestandteile, einschließlich Organellen und andere zelluläre Inhalte, gelangen in das umgebende Gewebe und beschleunigen den Zerfallsprozess weiter. Diese enzymatischen Aktivitäten sind somit entscheidend für den Abbau von Zellstrukturen und die Auflösung der Gewebe nach dem Tod.

Die Rolle der Enzyme bei der postmortalen Zersetzung ist nicht nur auf einzelne Zellen beschränkt, sondern betrifft auch das Zusammenspiel ganzer Gewebe und Organe. Die Freisetzung und Aktivität von Proteasen und Lipasen beeinflussen die gesamte Mikrostruktur der Gewebe und tragen zur allmählichen Auflösung der anatomischen

Integrität des Körpers bei. Dieser Prozess ist besonders in Organen mit hoher enzymatischer Aktivität und dichten Zellstrukturen ausgeprägt, was zu einer beschleunigten Zersetzung in diesen Bereichen führt.

Zusammenfassung:

Die letzten Momente des Lebens sind durch eine Reihe komplexer physiologischer und biochemischer Veränderungen gekennzeichnet. Diese Veränderungen sind integraler Bestandteil des natürlichen Übergangsprozesses, der zum Tod führt, und betreffen sowohl körperliche als auch neurologische Funktionen. Das Verständnis dieser Prozesse bietet wertvolle Einblicke in die letzte Phase des Lebens und die biologischen Mechanismen, die den Übergang vom Leben zum Tod bestimmen.

Der Energiekollaps nach dem Herzstillstand, die anschließenden Stoffwechselveränderungen und die Beginn der Autolyse sind wesentliche Schritte in diesem Übergang. Die Freisetzung von lysosomalen Enzymen und die Aktivitäten von Proteasen und Lipasen führen zur Zersetzung der Zellstrukturen und zur Auflösung der Gewebe. Diese biochemischen Prozesse verstärken sich gegenseitig und beschleunigen den Zerfallsprozess des Körpers.

Das Wissen um diese komplexen Vorgänge kann dazu beitragen, die letzten Stunden eines Sterbenden besser zu verstehen und angemessene Unterstützung zu leisten. Angehörigen und Pflegepersonen kann dieses Wissen helfen, diese schwierige Zeit mit mehr Verständnis und Einfühlungsvermögen zu begleiten und die betroffene Person bestmöglich zu unterstützen. Durch das tiefere Verständnis der biochemischen und physiologischen Prozesse, die den Tod begleiten, kann man eine respektvollere und menschlichere Betreuung der Sterbenden gewährleisten.

Insgesamt tragen diese Erkenntnisse dazu bei, den Tod nicht nur als Ende, sondern auch als Teil eines natürlichen und unausweichlichen biologischen Zyklus zu sehen. Dieses Wissen kann helfen, den Sterbeprozess zu entmystifizieren und einen ruhigeren, würdevolleren Umgang mit dem unvermeidlichen Ende des Lebens zu fördern.

Energie und Vergänglichkeit - Die Reise nach dem Tod

Kapitel 3:
Zum Zeitpunkt des Todes

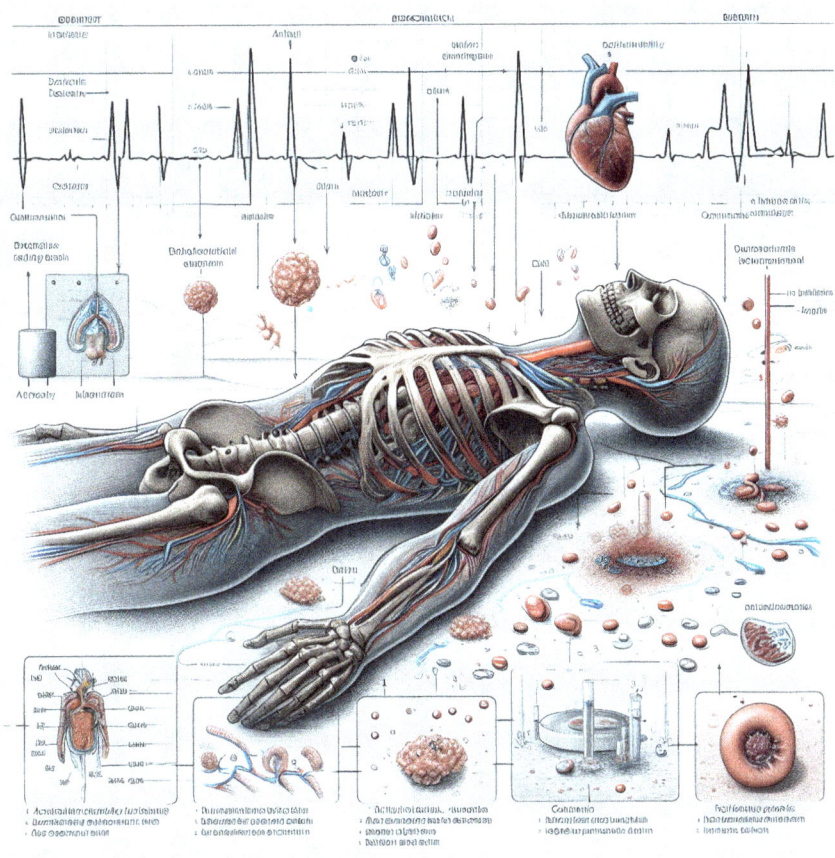

Der Zeitpunkt des Todes ist ein zutiefst bedeutsamer und tiefgreifender Übergang, der das Ende des Lebens markiert und von einem komplexen Zusammenspiel physiologischer und biochemischer Veränderungen geprägt ist. Dieser letzte Moment stellt einen endgültigen Abschluss der biologischen Prozesse dar, die das Leben bisher aufrechterhalten haben. Während dieses Übergangs vollziehen sich eine Reihe von definitiven Veränderungen, die sowohl auf der Ebene der Organe als auch auf der molekularen Ebene deutlich werden.

Physiologische Prozesse wie die Einstellung der Herzaktivität und die Veränderung der Atemfrequenz sind ebenso Teil dieses Übergangs wie biochemische Reaktionen, bei denen die Zellen ihre Fähigkeit zur Energieproduktion und -nutzung verlieren. Diese Umstellungen sind nicht nur Ausdruck des Sterbeprozesses, sondern auch ein unvermeidlicher Teil der biologischen Mechanismen, die den Tod regulieren. Das Verständnis dieser Prozesse ist von zentraler Bedeutung, um die Endgültigkeit des Todes und die zugrunde liegenden biologischen Mechanismen umfassend zu begreifen.

Indem wir die spezifischen physiologischen und biochemischen Veränderungen untersuchen, die zum Todeszeitpunkt auftreten, gewinnen wir wertvolle Einblicke in die Natur des Lebensendes. Dieses Wissen hilft uns, die komplexen Abläufe, die das Ende des Lebens begleiten, besser zu verstehen und bietet eine tiefere Wertschätzung für die biologischen Prozesse, die diesen Übergang bestimmen. Durch eine detaillierte Betrachtung der letzten biochemischen Reaktionen und physiologischen Veränderungen können wir die Abfolge der Ereignisse, die den Tod markieren, präziser erfassen und die Bedeutung dieses kritischen Moments umfassender würdigen.

3.1. Die Definition des Todes

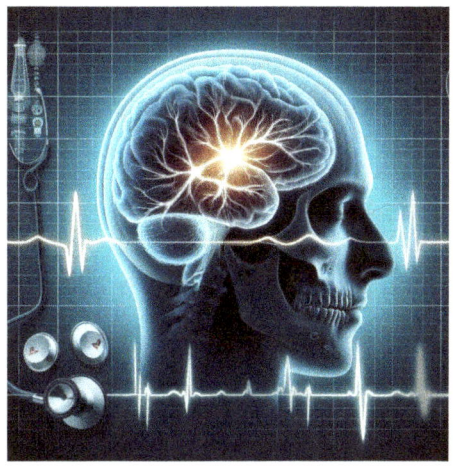

Der Tod wird allgemein als der irreversible Verlust aller Lebenszeichen definiert. Dieser Begriff umfasst zwei Hauptaspekte: den klinischen Tod und den biologischen Tod. Der klinische Tod tritt ein, wenn Herzschlag und Atmung aufgehört haben. Dies bedeutet, dass das Herz keine Blutzirkulation mehr aufrechterhält und die Lungen keinen Sauerstoff mehr aufnehmen oder Kohlendioxid abgeben. Dieser Zustand ist oft der erste erkennbare Moment des Todes und kann in einigen Fällen durch sofortige medizinische Maßnahmen wie Wiederbelebung noch umgekehrt werden. Es ist jedoch nur ein vorübergehender Zustand, der zum biologischen Tod führt, wenn keine erfolgreiche Intervention erfolgt.

Der biologische Tod ist die endgültige Phase, bei der alle zellulären Funktionen vollständig zum Erliegen gekommen sind. In diesem Zustand haben die Zellen irreversiblen Schaden erlitten und können ihre lebenswichtigen Prozesse nicht mehr aufrechterhalten. Dies umfasst das Versagen der ATP-Produktion, den Verlust der Zellmembranintegrität und die Autolyse. Der biologische Tod bedeutet, dass der Körper als funktionierendes Ganzes nicht mehr existiert und keine Möglichkeit mehr besteht, die Lebensfunktionen wiederherzustellen.

Die Definition des Todes variiert leicht in verschiedenen medizinischen und rechtlichen Kontexten, aber der Konsens bleibt, dass der Tod den irreversiblen Verlust der Lebensfunktionen markiert. In der modernen Medizin wird der Hirntod oft als endgültiges Kriterium für den Tod betrachtet. Hirntod bedeutet, dass alle Funktionen des Gehirns, einschließlich des Hirnstamms, dauerhaft ausgefallen sind. Dies wird durch verschiedene Tests bestätigt, die die Abwesenheit von

Hirnaktivität nachweisen, wie zum Beispiel die Elektroenzephalografie (EEG), die keine elektrischen Signale mehr aufzeichnet.

Der Hirntod unterscheidet sich von anderen Zuständen wie dem vegetativen Zustand oder dem Koma, bei denen einige Gehirnfunktionen noch vorhanden sein können. Der Hirntod ist unumkehrbar und wird rechtlich als Tod anerkannt, selbst wenn Herzschlag und Atmung durch Maschinen künstlich aufrechterhalten werden. Diese Definition des Todes hat erhebliche ethische und rechtliche Implikationen, insbesondere in Bezug auf Organtransplantationen und den Abschluss medizinischer Behandlungen.

Das Verständnis dieser verschiedenen Definitionen und Kriterien des Todes ist entscheidend für die medizinische Praxis und die ethischen Entscheidungen, die damit verbunden sind. Es ermöglicht Ärzten, den Todeszeitpunkt genau zu bestimmen und die entsprechenden Maßnahmen zu ergreifen, sei es die Beendigung lebensverlängernder Maßnahmen oder die Vorbereitung auf eine Organentnahme zur Transplantation. Zudem bietet es Angehörigen und Pflegepersonen klare Kriterien, um den Verlust zu erkennen und Abschied zu nehmen.

Zusammenfassend lässt sich sagen, dass der Zeitpunkt des Todes durch eine Reihe von komplexen physiologischen und biochemischen Veränderungen gekennzeichnet ist. Der Übergang vom klinischen zum biologischen Tod markiert den endgültigen Verlust der Lebensfunktionen, der durch moderne medizinische Definitionen wie den Hirntod präzise beschrieben wird. Das Verständnis dieser Prozesse und Definitionen ist essenziell, um die Endgültigkeit des Todes zu begreifen und die damit verbundenen medizinischen, ethischen und rechtlichen Herausforderungen zu bewältigen.

3.1.1. Klinischer Tod

Kardio-respiratorischer Tod:

Dieser Zustand tritt ein, wenn das Herz aufhört zu schlagen und die Atmung stoppt. Der kardiorespiratorische Tod ist der unmittelbarste und deutlichste Hinweis auf den Eintritt des Todes. In diesem Stadium kann eine Wiederbelebung möglicherweise noch gelingen, wenn sofortige medizinische Maßnahmen ergriffen werden. Zu diesen Maßnahmen gehören in erster Linie die Herz-Lungen-Wiederbelebung (HLW), bei der durch manuelle Kompressionen des Brustkorbs und künstliche Beatmung versucht wird, den Blutfluss und die Sauerstoffversorgung aufrechtzuerhalten. Das kritische Zeitfenster für eine erfolgreiche Wiederbelebung liegt typischerweise innerhalb weniger Minuten nach dem Herz- und Atemstillstand. Je schneller die Wiederbelebungsmaßnahmen eingeleitet werden, desto höher sind die Chancen auf eine erfolgreiche Wiederherstellung der Lebensfunktionen. Mit jeder Minute, die ohne Wiederbelebung verstreicht, sinken die Überlebenschancen drastisch.

Diagnose:

Der klinische Tod wird durch das Fehlen von Herzschlag, Atmung und Puls diagnostiziert. Medizinisches Personal verwendet oft verschiedene Techniken und Geräte, um diese Anzeichen zu bestätigen. Zu den häufig verwendeten Geräten gehören Stethoskope, mit denen Ärzte das Herz und die Lungen abhören, und Herzmonitore, die die elektrische Aktivität des Herzens messen. Ein Elektrokardiogramm (EKG) ist ein weiteres wichtiges Werkzeug, das die elektrische Aktivität des Herzens aufzeichnet und zeigt, ob das Herz noch schlägt oder nicht. Wenn das EKG eine flache Linie zeigt, deutet dies auf das Fehlen jeglicher Herzaktivität hin.

Zusätzlich zur Überprüfung des Herzschlags und der Atmung achten Ärzte und Pflegekräfte auf das Fehlen von Reflexen, die normalerweise bei lebenden Personen vorhanden sind. Ein wichtiger Reflex ist der Pupillenlichtreflex, bei dem die Pupillen auf Licht reagieren. Wenn dieser Reflex fehlt und die Pupillen weit und unempfindlich bleiben, ist dies ein starkes Indiz für den klinischen Tod. Andere Reflexe, wie der Kornealreflex (Reaktion der Augenlider auf Berührung der Hornhaut) und der Schmerzreflex, werden ebenfalls überprüft.

Diese diagnostischen Maßnahmen sind entscheidend, um den klinischen Tod sicher und präzise zu erkennen. Sie ermöglichen es dem medizinischen Personal, fundierte Entscheidungen über die nächsten Schritte zu treffen, sei es die Fortsetzung der Wiederbelebungsversuche oder die Vorbereitung auf den Übergang zur Palliativpflege. In vielen Fällen wird der klinische Tod von mehreren medizinischen Fachkräften bestätigt, um die Genauigkeit der Diagnose zu gewährleisten und sicherzustellen, dass keine lebensrettenden Maßnahmen unterlassen werden, wenn noch eine Chance auf Wiederbelebung besteht.

Die Unterscheidung zwischen klinischem und biologischem Tod ist in der medizinischen Praxis von großer Bedeutung. Während der klinische Tod in einigen Fällen noch reversibel sein kann, markiert der biologische Tod den Punkt, an dem alle zellulären und systemischen Funktionen unwiderruflich zum Stillstand gekommen sind. Das Verständnis dieser Unterschiede hilft nicht nur bei der Durchführung angemessener medizinischer Maßnahmen, sondern auch bei der Kommunikation mit den Angehörigen und der Entscheidungsfindung in ethisch und rechtlich sensiblen Situationen.

Zusammenfassend ist der klinische Tod durch das Fehlen von Herzschlag, Atmung und Puls gekennzeichnet und kann durch eine Reihe von diagnostischen Methoden bestätigt werden. Schnelle und gezielte Wiederbelebungsmaßnahmen sind entscheidend, um die Chancen auf eine erfolgreiche Wiederherstellung der Lebensfunktionen zu maximieren. Das präzise Verständnis und die klare Diagnose des klinischen Todes sind fundamentale Aspekte der medizinischen Praxis und entscheidend für die richtige Handhabung in Notfallsituationen.

3.1.2. Biologischer Tod

Irreversibler Zelltod:

Sobald der klinische Tod eingetreten ist und die Wiederbelebungsmaßnahmen erfolglos bleiben, beginnt der Prozess des irreversiblen Zelltods. Der biologische Tod ist erreicht, wenn alle zellulären Prozesse, einschließlich der ATP-Produktion und der Proteinsynthese, vollständig zum Stillstand gekommen sind. Dies bedeutet, dass die Zellen des Körpers keinen Stoffwechsel mehr durchführen können, wodurch sie nicht mehr in der Lage sind, Energie zu produzieren oder lebenswichtige Proteine zu synthetisieren. Zu diesem Zeitpunkt ist das Gewebe des Körpers nicht mehr funktionsfähig und kann das Leben auf zellulärer Ebene nicht mehr aufrechterhalten. Der biologische Tod ist daher das endgültige Ende aller physiologischen und biochemischen Prozesse, die das Leben unterstützen.

Zelltodmechanismen:

Der biologische Tod ist durch verschiedene zelluläre Prozesse gekennzeichnet, die zum irreversiblen Tod der Zellen führen. Zu den wichtigsten Mechanismen zählen die Autolyse und die nekrotische Zersetzung.

Autolyse:

Dieser Prozess beinhaltet die Selbstverdauung der Zellen durch ihre eigenen Enzyme. In den Lysosomen der Zellen befinden sich Enzyme, die normalerweise dazu dienen, beschädigte oder überflüssige Zellbestandteile abzubauen. Nach dem Tod der Zelle werden diese Enzyme freigesetzt und beginnen, die Zellstrukturen von innen heraus zu zersetzen. Die Membranen der Lysosomen werden durchlässig, und die Enzyme wie Proteasen und Lipasen dringen in das Zytoplasma ein, wo sie Proteine, Lipide und andere Makromoleküle abbauen. Die Autolyse führt zu einer allmählichen Auflösung der Zelle und ist ein natürlicher Teil des Zerfallsprozesses.

Nekrose:

Dies ist ein weiterer Mechanismus des Zelltods, der durch unkontrollierte Zellschädigung aufgrund externer Faktoren wie Toxine, Infektionen oder physisches Trauma verursacht wird. Nekrose unterscheidet sich von Apoptose, einem programmierten Zelltod, der ein geordneter und kontrollierter Prozess ist. Bei der Nekrose schwellen die Zellen an, die Zellmembranen werden beschädigt und es kommt zu einem plötzlichen Zelluntergang. Die freigesetzten zellulären Bestandteile verursachen eine Entzündungsreaktion im umliegenden Gewebe, was zu weiteren Schäden führen kann. Die Kombination aus Autolyse und Nekrose führt zur irreversiblen Zerstörung der Zellen und markiert den endgültigen Zerfall des biologischen Systems.

Der Übergang vom klinischen Tod zum biologischen Tod ist ein kontinuierlicher Prozess, der verschiedene Stadien des Zellabbaus umfasst. Während der klinische Tod noch durch medizinische Interventionen potenziell umkehrbar sein kann, markiert der biologische Tod den Punkt, an dem keine Wiederherstellung der Lebensfunktionen mehr möglich ist. Das Verständnis der Mechanismen des Zelltods ist wesentlich für die medizinische Praxis, insbesondere in Bereichen wie der Transplantationsmedizin, der forensischen Pathologie und der Palliativpflege.

Die Erkenntnis über die endgültige und unwiderrufliche Natur des biologischen Todes ermöglicht es, fundierte Entscheidungen über das Ende der Lebensunterstützung und die Organentnahme zu treffen. Zudem bietet es Angehörigen und Pflegepersonal ein klares Verständnis des Todesprozesses, was in der Bewältigung des Verlustes und in der Abschiedsnahme hilft.

Zusammenfassung:

Zusammengefasst ist der biologische Tod durch den irreversiblen Verlust aller zellulären Funktionen gekennzeichnet. Die Prozesse der Autolyse und der nekrotischen Zersetzung spielen eine zentrale Rolle bei der Zerstörung der Zellstrukturen und dem endgültigen Zerfall des Körpers. Das Wissen um diese Vorgänge ist entscheidend für die medizinische Praxis und die ethischen Entscheidungen, die den Umgang mit dem Tod betreffen.

3.2. Sofortige physiologische Reaktionen zum Todeszeitpunkt

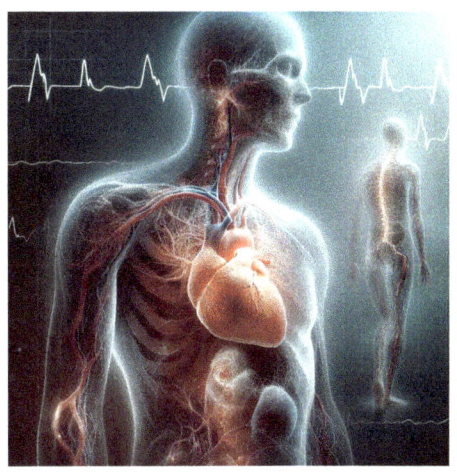

Unmittelbar nach dem Eintritt des Todes setzen im Körper eine Reihe komplexer und unvermeidlicher physiologischer Prozesse ein, die den Verlust von Leben und die Beendigung aller biologischen Funktionen signalisieren. Diese Prozesse, die oft als die ersten Anzeichen des Todes erkannt werden, umfassen eine Vielzahl von Veränderungen auf zellulärer und systemischer Ebene. Zu den wichtigsten gehören der Stillstand des Herz-Kreislauf-Systems, der Abbruch der Atemfunktion und der Beginn der Zersetzung von Geweben. Diese Reaktionen treten in einer strengen Reihenfolge auf und leiten den unumkehrbaren Zerfall des Körpers ein, der in den Stunden und Tagen nach dem Tod fortschreitet.

Der Verlust von Sauerstoffversorgung und Blutfluss führt dazu, dass Zellen nicht mehr in der Lage sind, ihre lebensnotwendigen Funktionen aufrechtzuerhalten, was zu ihrem schnellen Absterben führt. Gleichzeitig hören Organe wie das Gehirn, die besonders empfindlich auf Sauerstoffmangel reagieren, sofort auf zu funktionieren. Dies hat nicht nur tiefgreifende Auswirkungen auf die Vitalfunktionen, sondern leitet auch den Zerfallsprozess ein, da der Körper beginnt, sich selbst zu verdauen. Enzyme, die normalerweise an der Verdauung von Nahrung beteiligt sind, beginnen, körpereigenes Gewebe abzubauen, was den Übergang von Leben zu Tod endgültig macht.

Diese physiologischen Prozesse sind somit nicht nur Symptome des Todes, sondern aktive Mitwirkende am fortschreitenden Verfall des Körpers. Sie markieren den Beginn eines komplexen Prozesses, der letztlich zur vollständigen Auflösung des Körpers führt und sind ein unvermeidlicher Teil des natürlichen Kreislaufs des Lebens.

3.2.1. Herz-Kreislaufsystem

Kardiovaskulärer Stillstand:
Sobald das Herz aufhört zu schlagen, stellt die Blutzirkulation sofort ein. Dies bedeutet, dass das Blut nicht mehr durch die Arterien und Venen gepumpt wird, was zur sofortigen Unterbrechung des Sauerstoff- und Nährstofftransports zu den Geweben führt. Die Stagnation des Blutes bewirkt eine Verlangsamung und schließlich einen vollständigen Stillstand des Stoffwechsels in den Geweben. Ohne die kontinuierliche Zufuhr von Sauerstoff beginnen die Zellen, ihren Energiebedarf nicht mehr decken zu können, was zu einer schnellen Ansammlung von Stoffwechselabfallprodukten wie Kohlendioxid und Milchsäure führt. Diese Ansammlung trägt zur Gewebeazidose bei, was die Zellsterblichkeit weiter beschleunigt und den Zerfallsprozess in Gang setzt.

Der sofortige Stillstand der Herzfunktion hat tiefgreifende Auswirkungen auf alle Körpersysteme. Das Herz, als zentrales Organ der Blutzirkulation, ist dafür verantwortlich, Blut, Sauerstoff und Nährstoffe zu allen Organen und Geweben des Körpers zu transportieren. Sobald das Herz aufhört zu schlagen, stoppt dieser lebenswichtige Transportmechanismus. Die Gewebe, die bisher kontinuierlich mit Sauerstoff und Nährstoffen versorgt wurden, sind plötzlich von diesen wichtigen Substanzen abgeschnitten. Dies führt zu einem Zustand der Hypoxie, bei dem die Gewebe und Zellen nicht mehr ausreichend mit Sauerstoff versorgt werden. Hypoxie führt schnell zu zellulären Schäden und zum Zelltod, da die Zellen ohne Sauerstoff keine Energie mehr durch aerobe Atmung produzieren können.

In den ersten Minuten nach dem Herzstillstand beginnen die Zellen auf anaeroben Stoffwechsel umzuschalten, um den Energiebedarf kurzfristig zu decken. Dieser Prozess führt jedoch zur Ansammlung von Milchsäure, einem Abfallprodukt des anaeroben Stoffwechsels, das den pH-Wert der Gewebe senkt und zu Azidose führt. Azidose ist ein Zustand erhöhter Säurekonzentration im Körpergewebe, der die Zellfunktionen weiter beeinträchtigt und den Zerfall der Zellen beschleunigt. Ohne die Beseitigung von Kohlendioxid durch die Atmung steigt dessen Konzentration im Blut, was die Azidose zusätzlich verschärft.

Blutgerinnung:
Infolge der fehlenden Blutzirkulation beginnt das Blut in den Gefäßen zu gerinnen. Dieser Gerinnungsprozess führt zur Bildung von

Blutgerinnseln, die sich in den Gefäßen absetzen. Zusätzlich verursacht die Schwerkraft, dass das Blut in den tiefer liegenden Körperpartien zusammenfließt, was zur Bildung von Leichenschauern (Totenflecken) führt. Diese Totenflecken sind purpurrote Verfärbungen der Haut, die entstehen, weil sich das Blut in den Kapillaren und kleinen Venen der tiefer liegenden Körperteile ansammelt. Diese Verfärbungen sind ein sichtbares Zeichen dafür, dass der Blutfluss aufgehört hat, und werden oft verwendet, um den ungefähren Todeszeitpunkt zu bestimmen.

Die Gerinnung des Blutes beginnt wenige Minuten nach dem Herzstillstand und ist ein natürlicher Prozess, um Blutverlust bei Verletzungen zu verhindern. Nach dem Tod, ohne die Bewegung des Blutes durch den Körper, gerinnt es in den Gefäßen und beginnt, sich in den tiefer liegenden Körperpartien zu sammeln. Die Schwerkraft spielt dabei eine entscheidende Rolle, indem sie das Blut in die Körperteile zieht, die der Erde am nächsten liegen. Die dabei entstehenden Totenflecken sind wichtige Anhaltspunkte in der forensischen Medizin, um den Todeszeitpunkt und die Position des Körpers nach dem Tod zu bestimmen. Diese Flecken beginnen sich innerhalb von 20 bis 30 Minuten nach dem Tod zu bilden und werden innerhalb von 2 bis 4 Stunden deutlich sichtbar. Sie können auch Hinweise auf eine mögliche Umlagerung des Körpers nach dem Tod geben, was in kriminalistischen Untersuchungen von großer Bedeutung sein kann.

Darüber hinaus führt die Gerinnung des Blutes zur Entstehung von Blutgerinnseln in den Gefäßen, die den weiteren Zerfallsprozess beeinflussen. Die Bildung dieser Gerinnsel kann auch die spätere Autolyse und die Zersetzung der Gewebe durch Bakterien beeinflussen, da sie die Durchblutung blockieren und die Sauerstoffversorgung der Gewebe weiter einschränken.

Zusammenfassung:

Zusammengefasst zeigen der kardiovaskuläre Stillstand und die daraus resultierenden Veränderungen im Herz-Kreislaufsystem die unmittelbaren physiologischen Reaktionen des Körpers auf den Tod. Diese Prozesse markieren den Beginn des Zerfalls und bieten wichtige Hinweise für medizinisches und forensisches Personal zur Bestimmung des Todeszeitpunkts und der Todesumstände. Der Übergang vom klinischen zum biologischen Tod ist ein komplexer Prozess, der durch eine Vielzahl von biochemischen und physiologischen Veränderungen gekennzeichnet ist, die tiefgreifende Auswirkungen auf den gesamten Körper haben. Das Verständnis dieser Prozesse ist entscheidend für die medizinische Praxis und die forensische Wissenschaft, um den Tod korrekt zu diagnostizieren und die nachfolgenden Schritte angemessen zu planen.

3.2.2. Atmung

Atemstillstand:

Sobald der Tod eintritt, hört die Atmung auf, was zu einem sofortigen Abfall des Sauerstoffgehalts im Blut führt. Dieser plötzliche Sauerstoffmangel hat tiefgreifende Auswirkungen auf den gesamten Körper und beschleunigt die Schädigung der Gewebe erheblich. Die Atmung ist der Hauptmechanismus, durch den Sauerstoff aus der Luft in das Blut aufgenommen und Kohlendioxid, ein Abfallprodukt des Zellstoffwechsels, aus dem Blut entfernt wird. Wenn die Atmung aussetzt, wird dieser Austausch von Sauerstoff und Kohlendioxid unterbrochen. Der sofortige Effekt ist ein drastischer Rückgang des Sauerstoffgehalts im Blut, auch bekannt als Hypoxämie, und ein gleichzeitiger Anstieg des Kohlendioxids, was zu einer erhöhten Kohlendioxidkonzentration im Blut führt.

Der Rückgang des Sauerstoffgehalts hat zur Folge, dass die Gewebe nicht mehr ausreichend versorgt werden. Die Zellen, die auf kontinuierliche Sauerstoffzufuhr angewiesen sind, beginnen schnell zu versagen. Die mangelnde Sauerstoffversorgung führt dazu, dass die Zellen ihren Energiebedarf nicht mehr decken können und in einen Zustand der Ischämie übergehen, bei dem sie beginnen, abzusterben. Diese Hypoxie beschleunigt die Schädigung der Gewebe und führt zu einem erhöhten Stoffwechsel von Glucose auf anaerobem Weg, was wiederum die Produktion von Milchsäure erhöht und zu einer zusätzlichen Azidose beiträgt.

Kohlendioxidansammlung:

Die Ansammlung von Kohlendioxid im Blut ist eine direkte Folge der fehlenden Atmung. Kohlendioxid, das normalerweise durch die Atmung aus dem Blut entfernt wird, beginnt sich schnell anzusammeln, was zu einem Anstieg des Kohlendioxidgehalts und zu einer Verschärfung der Atemazidose führt. Diese Azidose, bei der der pH-Wert des Blutes sinkt, ist das Ergebnis der Erhöhung der Kohlendioxidkonzentration, die zu einer Verschiebung des Säure-Basen-Gleichgewichts führt.

Kohlendioxid ist ein schwaches Säuregas, das im Blut in Form von Kohlensäure vorliegt. Wenn der Kohlendioxidgehalt ansteigt, wird mehr Kohlensäure gebildet, was den pH-Wert des Blutes senkt und zu einer

Säurebildung führt. Diese Senkung des pH-Werts, bekannt als Azidose, hat weitreichende Folgen für die Zellfunktion und die biochemischen Prozesse im Körper. Die Säurebildung verschärft die Schädigung der Zellen und beeinträchtigt deren Fähigkeit, normale Funktionen aufrechtzuerhalten. Die gestörte Säure-Basen-Balance beeinflusst zudem zahlreiche Enzymsysteme im Körper, die auf einen bestimmten pH-Wert angewiesen sind, um effizient arbeiten zu können.

Die Ansammlung von Kohlendioxid und die resultierende Azidose tragen zur weiteren Verschlechterung der Zellfunktionen bei und beschleunigen den allgemeinen Zerfallsprozess des Körpers. Da der Körper keine Möglichkeit mehr hat, Kohlendioxid effektiv auszuscheiden und das Säure-Basen-Gleichgewicht zu regulieren, werden die Auswirkungen auf die Zellen und Gewebe weiter verstärkt.

Zusammenfassung:

Zusammengefasst zeigen die sofortigen physiologischen Reaktionen des Körpers nach dem Atemstillstand signifikante Veränderungen im Atemsystem. Der Atemstillstand führt zu einem dramatischen Rückgang des Sauerstoffgehalts im Blut und einer Anhäufung von Kohlendioxid, was die Gewebe schnell schädigt und den Zerfallsprozess beschleunigt. Diese Veränderungen sind entscheidend für das Verständnis der physiologischen Reaktionen nach dem Tod und spielen eine wichtige Rolle bei der Bestimmung des genauen Zeitpunkts und der Umstände des Todes. Die Ansammlung von Kohlendioxid und die resultierende Azidose verschärfen den Zerfall und bieten wertvolle Einblicke in den fortschreitenden Prozess des postmortalen Verfalls.

3.2.3. Körperliche Veränderungen

Muskelrelaxation und Rigor Mortis:

Unmittelbar nach dem Tod durchläuft der Körper eine Reihe von physikalischen Veränderungen, die sowohl die Muskeln als auch die gesamte Körperstruktur betreffen. Zu Beginn des Prozesses entspannen sich die Muskeln vollständig, was zu einer allgemeinen körperlichen Erschlaffung führt. Dies ist ein sofortiger Effekt des Todes, bei dem die elektrische Aktivität, die normalerweise die Muskeln zur Kontraktion anregt, aufhört. Ohne die kontinuierliche Nervenstimulation und den elektrischen Impuls, der für die Muskelkontraktion erforderlich ist, treten die Muskeln in einen Zustand der Relaxation über.

Diese anfängliche Muskelerschlaffung wird jedoch bald durch den Prozess des Rigor mortis abgelöst. Rigor mortis, auch als

Leichenschriggigkeit bekannt, ist die Steifheit der Muskeln, die typischerweise innerhalb von 2 bis 6 Stunden nach dem Tod einsetzt. Dieser Prozess beginnt, weil die Muskeln aufgrund des fehlenden ATP (Adenosintriphosphat) nicht mehr in der Lage sind, sich zu entspannen. ATP ist die Energiequelle, die für die Muskelentspannung notwendig ist. Sobald das Herz aufhört zu schlagen und die Blutzirkulation stoppt, wird die ATP-Produktion eingestellt, was zur Akkumulation von aktiven Myosinköpfen führt, die die Muskelfasern zusammenziehen. Ohne den nötigen Energieaufwand können die Muskeln nicht mehr relaxieren, was zu einer fortschreitenden Versteifung des Körpers führt.

Rigor mortis beginnt typischerweise in den kleineren Muskelgruppen, wie den Augenmuskeln und den Kiefermuskeln, und breitet sich dann auf die größeren Muskelgruppen aus. Diese Steifheit erreicht ihren Höhepunkt nach etwa 12 bis 24 Stunden nach dem Tod und kann bis zu 72 Stunden anhalten, abhängig von verschiedenen Faktoren wie Umgebungstemperatur und Körperzusammensetzung. Nach dem Höhepunkt der Rigor mortis beginnt der Prozess der Muskelerschlaffung wieder, da die Zellen durch den fortschreitenden Zerfall weiter abbauen und die Enzyme, die zur Zersetzung der Muskelproteine beitragen, aktiv werden.

Temperaturabfall (Algor Mortis):

Ein weiterer wichtiger physikalischer Prozess nach dem Tod ist der Temperaturabfall des Körpers, auch als Algor Mortis bekannt. Nachdem die Lebens-funktionen eingestellt sind, beginnt der Körper, sich der Umgebungstemperatur anzupassen. Dieser Temperaturabfall ist ein natürlicher Prozess, bei dem der Körper seine interne Wärme nicht mehr regulieren kann und daher nach und nach die Umgebungs-temperatur annimmt.

Die Rate, mit der der Körper abkühlt, kann stark variieren und wird von einer Vielzahl von Faktoren beeinflusst. Dazu gehören die Umgebungstemperatur, die Kleidung des Verstorbenen, die Größe und Körperzusammensetzung des Individuums sowie die Luftfeuchtigkeit. In kühleren Umgebungen erfolgt der Temperaturabfall schneller, während in wärmeren oder feuchteren Bedingungen der Körper langsamer abkühlt. Als allgemeine Richtlinie kann man sagen, dass der Körper in den ersten Stunden nach dem Tod um etwa 1 bis 1,5 Grad Celsius pro Stunde abkühlt, bis er die Umgebungstemperatur erreicht.

Der Temperaturabfall kann wertvolle Hinweise auf den Todeszeitpunkt liefern, insbesondere in forensischen Untersuchungen. Durch

Messungen der Körpertemperatur und Vergleich mit der Umgebungstemperatur kann man eine Schätzung des Zeitpunkts vornehmen, zu dem der Tod eingetreten ist. Der Fortschritt der Abkühlung ist auch ein Indikator für andere postmortale Veränderungen und kann dabei helfen, den genauen Todeszeitpunkt sowie die Umstände des Todes zu bestimmen.

Zusammenfassung:

Zusammengefasst sind die körperlichen Veränderungen nach dem Tod komplexe Prozesse, die die Muskeln und die Körpertemperatur betreffen. Die anfängliche Muskelrelaxation, gefolgt von der Entwicklung des Rigor mortis, und der nachfolgende Temperaturabfall (Algor Mortis) sind entscheidende Anzeichen, die den Übergang vom Leben zum Tod markieren. Diese physikalischen Veränderungen bieten wertvolle Informationen für die medizinische und forensische Analyse und helfen dabei, den Todeszeitpunkt und die zugrunde liegenden Todesursachen zu bestimmen.

Energie und Vergänglichkeit - Die Reise nach dem Tod

3.3. Chemische und biochemische Veränderungen

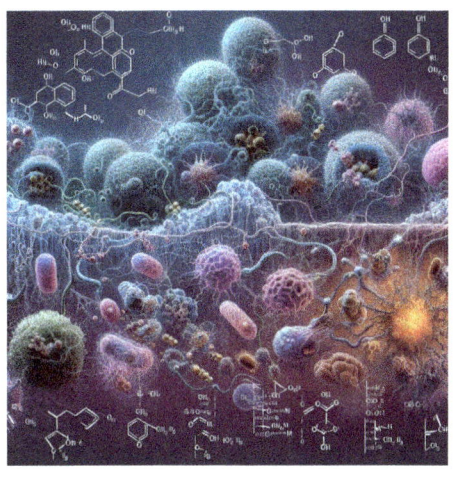

Sobald der Tod eingetreten ist, beginnt im Körper eine tiefgreifende Kaskade chemischer und biochemischer Veränderungen, die den Weg für die spätere Zersetzung des Körpers ebnen. Diese Prozesse sind fundamental für das Verständnis der postmortalen Veränderungen und zeigen, wie der Körper nach dem Tod in den Zustand der Zersetzung übergeht. Sie sind entscheidend für die Analyse der biologischen und chemischen Mechanismen, die den Tod und den anschließenden Zerfallsprozess begleiten.

3.3.1. Energieverlust

ATP-Verlust:

Mit dem Stillstand des Herzens und der Einstellung der Atmung wird die Produktion von ATP (Adenosintriphosphat) im Körper umgehend gestoppt. ATP ist die primäre Energiequelle, die für eine Vielzahl von zellulären Prozessen unerlässlich ist. Es spielt eine zentrale Rolle bei der Aufrechterhaltung der Zellfunktionen, einschließlich des Ionentransports und der Stabilisierung der Zellmembranen. Ohne die kontinuierliche Produktion von ATP entsteht ein sofortiger Energiemangel innerhalb der Zellen. Dieser Energiemangel hat weitreichende Konsequenzen für die Zellintegrität und -funktion. Die Zellmembranen, die normalerweise durch aktive Transportmechanismen aufrechterhalten werden, beginnen zu destabilisieren. Der Verlust an ATP führt dazu, dass die Zellmembranen ihre Struktur und Funktion verlieren. Dies verursacht eine zunehmende Zellschädigung und verstärkt den Zelltod.

Der Verlust von ATP führt dazu, dass kritische Zellprozesse, wie der

Transport von Ionen durch die Zellmembran und die Aufrechterhaltung des Membranpotentials, nicht mehr stattfinden können. Der Ionentransport, der für die Aufrechterhaltung des elektrochemischen Gleichgewichts in der Zelle wichtig ist, wird gestört. Dies führt zu einem Ungleichgewicht von Ionen wie Natrium und Kalium, was zu einer weiteren Schädigung der Zellmembranen und letztendlich zum Tod der Zellen beiträgt. Die Zellen können ihre normalen Funktionen nicht mehr aufrechterhalten, was zu einer Kettenreaktion von Schäden und zum endgültigen Abbau der Zellstrukturen führt.

Zellmembrandegeneration:

Ohne die notwendige Energie, die durch ATP bereitgestellt wird, beginnen die Zellmembranen zu zerfallen. Dieser Zerfall der Zellmembranen ermöglicht die Freisetzung von intrazellulären Enzymen und anderen Zellinhalten in das umgebende Gewebe. Dieser Prozess, der als Autolyse bekannt ist, markiert den Beginn des zellulären Abbaus und beschleunigt den Zerfall der Gewebe. Die Autolyse ist ein natürlicher Prozess, bei dem die Zellen durch ihre eigenen Enzyme aufgelöst werden. Diese Enzyme, die normalerweise in den Lysosomen der Zellen enthalten sind, werden freigesetzt und beginnen, die Zellstrukturen von innen heraus zu zersetzen. Die Freisetzung von Zellinhalten und Enzymen in das umgebende Gewebe führt zu einer weiteren Zersetzung und trägt dazu bei, dass der gesamte Zerfallsprozess des Körpers beschleunigt wird.

Zusammengefasst sind die chemischen und biochemischen Veränderungen, die unmittelbar nach dem Tod beginnen, entscheidend für den Zerfallsprozess des Körpers. Der Verlust von ATP und die nachfolgende Zellmembrandegeneration sind zentrale Faktoren, die den Übergang von einem lebenden Zustand zu einem Zustand der Zersetzung einleiten. Diese Prozesse sind entscheidend für das Verständnis des postmortalen Zerfalls und bieten wertvolle Einblicke in die biologischen Mechanismen, die den Tod und die nachfolgenden Veränderungen im Körper begleiten.

3.3.2. Säure-Basen-Gleichgewicht

Azidose:

Nachdem der Tod eingetreten ist, beginnen sich im Körper dramatische chemische Veränderungen abzuzeichnen, insbesondere durch den Mangel an Sauerstoff und die erhöhte Ansammlung von Kohlendioxid. Diese Prozesse führen zu einer signifikanten Azidifizierung des Blutes und der Gewebe. Der Abfall des pH-Werts im Blut, bekannt als Azidose, hat weitreichende Auswirkungen auf die biochemischen und enzymatischen Prozesse innerhalb der Zellen. Der erhöhte Säuregehalt beschleunigt den enzymatischen Abbau der Zellbestandteile. Enzyme, die normalerweise für den Zellstoffwechsel und die Reparaturprozesse verantwortlich sind, funktionieren nur in einem spezifischen pH-Bereich optimal. Ein saurer pH-Wert beeinträchtigt deren Funktion erheblich und beschleunigt den Abbau von Zellstrukturen und -funktionen.

Der resultierende saure pH-Wert führt zu einer weiteren Verschlechterung der Zellumgebung, da viele Proteine und Enzyme ihre Struktur und Funktion verlieren. Dies verstärkt den natürlichen Zerfallsprozess und trägt zur beschleunigten Zersetzung der Zellen und Gewebe bei. Die Azidose beeinflusst auch die Integrität der Zellmembranen und beeinträchtigt die Fähigkeit der Zellen, ihre normalen Funktionen aufrechtzuerhalten. Dieser Prozess führt zu einer schnellen Zersetzung und zum Fortschreiten der biologischen Veränderungen nach dem Tod.

Elektrolytstörungen:

Parallel zur Azidose kommt es zu Störungen im Elektrolythaushalt des Körpers. Elektrolyte wie Natrium, Kalium, Kalzium und Magnesium spielen eine wesentliche Rolle bei der Aufrechterhaltung der Zellfunktionen, insbesondere in Muskel- und Nervengeweben. Nach dem Tod, wenn die Zellmembranen ihre Integrität verlieren und der ATP-Gehalt auf null sinkt, beginnen Elektrolyte sich unkontrolliert zu verteilen. Der Verlust von Elektrolyten wie Natrium und Kalium führt zu weiteren Störungen in der Zellfunktion. Diese Störungen beeinflussen die elektrische Aktivität der Zellen und tragen zur Verschärfung der postmortalen Veränderungen bei.

Die Störung im Elektrolythaushalt beeinträchtigt die Fähigkeit der Zellen, elektrische Signale zu übermitteln, was besonders in Muskel- und Nervengeweben spürbar ist. Diese Störungen können zu einer weiteren Zersetzung der Gewebe beitragen, da die elektrische Aktivität der Zellen, die für normale Funktionen wie Kontraktionen und Nervenimpulse notwendig ist, beeinträchtigt wird. Die resultierende Ungleichgewichtssituation verstärkt die ohnehin schon fortschreitende Zersetzung und beschleunigt die körperlichen Veränderungen nach dem Tod.

Zusammenfassung:

Zusammengefasst verdeutlichen die Veränderungen im Säure-Basen-Gleichgewicht und die Elektrolytstörungen die tiefgreifenden biochemischen Prozesse, die unmittelbar nach dem Tod eintreten. Der pH-Abfall durch Azidose und die Störungen im Elektrolythaushalt sind entscheidend für das Verständnis der postmortalen Zersetzung und bieten wertvolle Einblicke in die biologischen Mechanismen, die den Zerfall des Körpers nach dem Tod beschleunigen. Diese Veränderungen sind zentrale Faktoren, die die Beschleunigung der Zersetzung und die Verschlechterung der Zell- und Gewebefunktion nach dem Tod weiter vorantreiben.

3.3.3. Enzymatische Zersetzung

Autolytische Enzyme:

Nach dem Tod beginnt im Körper ein bedeutender und tiefgreifender Prozess der enzymatischen Zersetzung, der die Grundlage für die nachfolgende Zersetzung der Gewebe bildet. Im lebenden Zustand sind viele Enzyme, die für den Zellstoffwechsel und andere essenzielle Prozesse verantwortlich sind, in speziellen Organellen innerhalb der Zellen, den Lysosomen, eingekapselt. Diese Enzyme sind darauf spezialisiert, verschiedene biologische Moleküle zu spalten und abzubauen, um die normale Zellfunktion aufrechtzuerhalten. Mit dem Eintritt des Todes und dem darauffolgenden Verlust der Zellintegrität werden diese Enzyme jedoch aus ihren Lysosomen freigesetzt.

Sobald die Zellmembranen nicht mehr intakt sind, können diese lysosomalen Enzyme ungehindert in das Zellinnere eindringen. Die Enzyme, darunter insbesondere Proteasen, Lipasen und Nukleasen, beginnen nun, die Zellstrukturen systematisch abzubauen. Proteasen sind Enzyme, die Proteine in kleinere Peptide und Aminosäuren zerlegen, während Lipasen für den Abbau von Lipiden, also Fetten, verantwortlich sind. Nukleasen hingegen zersetzen Nukleinsäuren wie DNA und RNA. Dieser enzymatische Angriff führt zu einer umfassenden Zersetzung der Zellkomponenten, einschließlich der Zellmembranen, der Organellen und der übrigen Zellstrukturen.

Dieser Prozess, bekannt als Autolyse, stellt eine Art Selbstverdauung dar, bei der die Zellen durch ihre eigenen Enzyme aufgelöst werden. Da die Zellmembranen durch den Energiemangel und die damit einhergehende Instabilität geschädigt sind, verlieren die Enzyme ihre regulierenden Barrieren und beginnen einen unkontrollierten Abbauprozess. Der

Abbau der Zellstrukturen durch diese Enzyme führt dazu, dass die Zellintegrität zerstört wird, was zu einer schnellen und umfassenden Zersetzung der Gewebe beiträgt. Die Autolyse ist ein bedeutender Schritt in der postmortalen Zersetzung und ist entscheidend für das Verständnis, wie der Körper nach dem Tod zerfällt.

Beginn der Mikrobenaktivität:

Neben den autolytischen Enzymen spielen Mikroben, die natürlicherweise im Körper vorkommen, eine zentrale Rolle bei der weiteren Zersetzung des Körpers nach dem Tod. Kurz nach dem Tod beginnen Bakterien, die im Verdauungstrakt, auf der Haut und in anderen Körperregionen vorhanden sind, in die Gewebe einzudringen. Diese Mikroben umfassen verschiedene Arten von Bakterien, Pilzen und anderen Mikroorganismen, die unter normalen Umständen symbiotisch im Körper leben.

Sobald die Bedingungen durch den Tod für die Mikroben günstiger werden, da der Körper nicht mehr aktiv gegen deren Wachstum ankämpft, beginnen diese Mikroben, die zersetzten Zellstrukturen weiter abzubauen. Die Mikroben nutzen die zerfallenden Gewebe als Nahrungsquelle, was zu einem beschleunigten Zerfall der Gewebe führt. Die Mikroben produzieren dabei verschiedene Gase, darunter Methan, Schwefelwasserstoff und Ammoniak, die zu den typischen Gerüchen der Verwesung beitragen.

Die Aktivität dieser Mikroben führt zu weiteren Veränderungen im Gewebe. Die produzierten Gase sammeln sich im Körper an, was zu sichtbaren Aufblähungen führt. Gleichzeitig kommt es zu einer weiteren Zersetzung des Gewebes durch die mikrobielle Verdauung, was den Zerfallsprozess weiter beschleunigt und die charakteristischen Anzeichen der Verwesung verstärkt. Diese mikrobielle Aktivität ist ein wesentlicher Faktor für die Veränderung der Gewebestruktur nach dem Tod und trägt zur umfassenden Zersetzung des Körpers bei.

Zusammenfassung:

Der Prozess der enzymatischen Zersetzung nach dem Tod ist komplex und vielschichtig. Die Autolyse, bei der die eigenen Enzyme der Zellen für den Abbau der Zellstrukturen verantwortlich sind, sowie die mikrobielle Zersetzung durch Bakterien und Pilze, sind zentrale Mechanismen, die zur postmortalen Zersetzung des Körpers beitragen. Diese Prozesse führen zu einer umfassenden und fortschreitenden Zersetzung der Gewebe und sind entscheidend für das Verständnis der biologischen Veränderungen nach dem Tod. Das Wissen um diese enzymatischen und mikrobiellen Prozesse ermöglicht ein tieferes Verständnis der postmortalen Veränderungen und gibt Einblicke in die natürlichen Mechanismen, des Körpers.

3.4. Der Übergang zur Zersetzung

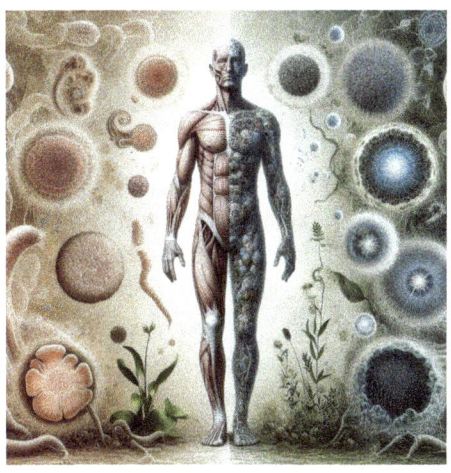

Der Übergang vom Zustand des Lebens zu dem Zustand der Zersetzung ist ein tiefgreifender und vielschichtiger Prozess, der unmittelbar nach dem Eintritt des Todes beginnt. Dieser Übergang stellt einen fundamentalen Wandel dar, der das Ende aller biologischen und physiologischen Funktionen markiert und zu einem komplexen Verfallsprozess führt. Es handelt sich um eine Phase, die durch eine Vielzahl von sowohl sichtbaren als auch unsichtbaren Veränderungen gekennzeichnet ist, die allmählich das Erscheinungsbild und die Beschaffenheit des Körpers transformieren. Diese Veränderungen sind nicht nur auf der oberflächlichen Ebene sichtbar, sondern durchdringen auch die tiefsten biochemischen und mechanistischen Ebenen der Körperfunktionen.

Der Prozess der Zersetzung verläuft in mehreren Phasen, die verschiedene Aspekte der körperlichen Veränderung beinhalten. Jede Phase ist durch spezifische mechanistische und biochemische Ereignisse geprägt, die zusammen den gesamten Zersetzungsprozess definieren. Diese Phasen sind nicht isoliert, sondern bauen aufeinander auf und beeinflussen sich gegenseitig. Ein vollständiges und umfassendes Verständnis dieser Phasen ist von entscheidender Bedeutung, um die tiefgreifenden Veränderungen zu begreifen, die vom Leben zum Zustand der Zersetzung führen.

Der Übergang von der Lebensfunktion zur Zersetzung beginnt mit der sofortigen Einstellung aller biologischen Prozesse und Funktionen, die vor dem Tod in vollem Gange waren. Mit dem Eintritt des Todes hören alle vitalen Funktionen auf – die Atmung, der Herzschlag und die Blutzirkulation stoppen, und der Körper beginnt, sich einem unvermeidlichen Zersetzungsprozess zu unterziehen. Dieser Prozess ist von Natur aus nicht nur ein physikalischer, sondern auch ein chemischer und biologischer Wandel, der den Körper durch mehrere Stadien der Veränderung führt.

In den ersten Stunden nach dem Tod setzt die Phase der frühen Zersetzung ein, in der sich der Körper allmählich von der Vitalität des Lebens in einen Zustand des Zerfalls bewegt. In dieser Phase beginnen sichtbare und spürbare Veränderungen, die durch das Fehlen von lebenswichtigen Prozessen und durch die Ansammlung von Abfallprodukten und Stoffwechselresten gekennzeichnet sind. Diese frühen Phasen sind entscheidend für das Verständnis der Zersetzung, da sie die Grundlage für die weiteren, tiefer gehenden biochemischen und physiologischen Veränderungen legen.

Ein umfassendes Verständnis dieses Übergangsprozesses ist unerlässlich, um den vollständigen Wandel vom Zustand des Lebens zur Zersetzung zu begreifen. Dieser Prozess zeigt sich in einer Vielzahl von Veränderungen, die sich sowohl auf der Ebene der Zellstruktur als auch auf der Ebene der gesamten Körperstruktur abspielen. Die Komplexität und die Vielzahl der Prozesse, die während dieses Übergangs ablaufen, verdeutlichen die Tiefe und den Umfang des biologischen Wandels, der nach dem Tod stattfindet.

3.4.1. Frühe Zersetzung *Rigor Mortis (Leichenschriggigkeit)*

Die Leichenschriggigkeit, medizinisch als Rigor Mortis bezeichnet, ist ein markantes und unverkennbares Zeichen, das unmittelbar nach dem Tod beginnt und eine tiefgreifende Veränderung des Körpers darstellt. Diese Phase der frühen Zersetzung setzt typischerweise innerhalb eines Zeitraums von 2 bis 6 Stunden nach dem Tod ein und stellt eine wesentliche Phase in der postmortalen Veränderung des Körpers dar. Rigor Mortis ist die erste visuelle und physikalische Manifestation, die deutlich macht, dass der Körper sich von einem lebenden Zustand in einen Zustand der Zersetzung bewegt.

In dieser Anfangsphase beginnt eine progressive Versteifung der Muskeln, die sich allmählich ausbreitet und ihren Höhepunkt etwa nach 12 bis 24 Stunden erreicht. Die Muskelversteifung ist die Folge eines biochemischen Ungleichgewichts in den Muskelzellen, das durch das Fehlen der lebenswichtigen Energiequelle ATP (Adenosintriphosphat) verursacht wird. Unter normalen Lebensbedingungen ist ATP für die Aufrechterhaltung der Muskelfunktion unerlässlich. Es ermöglicht den Muskelfasern, sich nach einer Kontraktion zu entspannen, indem es die

Aktin- und Myosinfilamente, die für die Muskelkontraktion verantwortlich sind, voneinander trennt.

Der Mechanismus, der zu dieser Versteifung führt, ist komplex und beinhaltet mehrere biochemische Schritte. Während des Lebens sorgen ATP-gebundene Prozesse dafür, dass die Muskelfasern nach der Kontraktion wieder in ihren entspannten Zustand zurückkehren können. Diese kontinuierliche Versorgung mit ATP ist entscheidend für die Flexibilität und die Fähigkeit der Muskeln, sich zu erholen und ihre Funktion aufrechtzuerhalten. Nach dem Tod stoppt jedoch die Produktion von ATP abrupt, was dazu führt, dass die bereits gebildeten Aktin-Myosin-Komplexe in einem starren Zustand verbleiben. Da die Muskeln nicht mehr entspannen können, kommt es zu einer zunehmenden Steifigkeit, die sich im gesamten Körper ausbreitet.

Die Steifheit, die als Rigor Mortis bezeichnet wird, bleibt in der Regel etwa 24 bis 48 Stunden bestehen. Während dieses Zeitraums sind die Muskeln vollständig versteift, und der Körper zeigt eine deutliche Veränderung des physischen Erscheinungsbildes. Diese Steifheit ist ein unverkennbares Zeichen für den Tod und die beginnende Zersetzung. Im Verlauf der weiteren Zersetzung beginnen die Muskelproteine durch die fortschreitenden biochemischen und enzymatischen Prozesse des Zerfalls allmählich abzubauen. Dieser Abbau führt schließlich dazu, dass die Muskeln wieder weicher werden und die anfängliche Steifheit nachlässt. Dies ist ein wichtiger Aspekt der postmortalen Veränderungen, da er Aufschluss darüber geben kann, wie weit der Zerfallsprozess bereits fortgeschritten ist.

Die Geschwindigkeit und das Muster, mit dem die Leichenschriggigkeit auftritt, können durch verschiedene Umweltfaktoren beeinflusst werden. Die Umgebungstemperatur spielt dabei eine wesentliche Rolle; höhere Temperaturen beschleunigen die biochemischen Reaktionen, was zu einem schnelleren Auftreten von Rigor Mortis führt. In wärmeren Umgebungen entwickelt sich die Steifheit daher in der Regel schneller, während kühlere Temperaturen den Prozess verlangsamen können. Auch die Feuchtigkeit in der Umgebung hat einen Einfluss auf den Verlauf der Leichenschriggigkeit; feuchte Bedingungen können die Entwicklung der Muskelversteifung beschleunigen. Darüber hinaus kann die körperliche Aktivität des Verstorbenen vor dem Tod ebenfalls einen Einfluss auf die Geschwindigkeit und Intensität der Rigor Mortis haben. Personen, die körperlich sehr aktiv waren, können eine veränderte Rate der Muskelversteifung aufweisen, da ihre Muskeln möglicherweise andere biochemische Ausgangszustände aufweisen als bei weniger aktiven Individuen. Diese komplexen Wechselwirkungen verdeutlichen die Vielschichtigkeit der postmortalen Veränderungen und die Vielzahl an Faktoren, die den Verlauf der frühen Zersetzung beeinflussen können.

3.4.2 Leichenschauerm *(Postmortale Flecken)*

Nach dem Tod setzt unmittelbar ein komplexer Prozess ein, bei dem sich verschiedene physiologische und biochemische Veränderungen im Körper abspielen. Eine der ersten und am deutlichsten sichtbaren Veränderungen ist das Auftreten von Leichenschauern, auch bekannt als postmortale Flecken. Diese Flecken entstehen durch die Stauung des Blutes in den tief gelegenen Körperbereichen aufgrund des Stillstands der Blutzirkulation. Sobald das Herz seine Tätigkeit eingestellt hat und die Blutzirkulation zum Erliegen kommt, beginnt das Blut, sich aufgrund der Schwerkraft in den tiefsten Körperregionen zu sammeln. Dieser Prozess beginnt typischerweise innerhalb von 20 bis 120 Minuten nach dem Tod und ist ein deutliches Zeichen für den Beginn der Zersetzung des Körpers.

Mechanismus der Blutstauung:

Der Mechanismus hinter der Bildung der Leichenschauerm ist ein direktes Resultat des plötzlichen Stillstands des Kreislaufsystems. Unter normalen Lebensbedingungen wird das Blut kontinuierlich durch den Körper gepumpt, um Sauerstoff und Nährstoffe zu den Geweben zu transportieren und Abfallprodukte abzutransportieren. Sobald das Herz aufhört zu schlagen, endet diese lebenswichtige Pumpfunktion. Da die Blutgefäße nach dem Tod weiterhin ihre Form und Struktur behalten, zieht die Schwerkraft das Blut in die unteren Körperpartien. In diesen Bereichen beginnt sich das Blut zu stauen, weil es nicht mehr durch den Kreislauf bewegt wird. Dieser Prozess wird durch die Schwerkraft, die auf das Blut wirkt, verstärkt und führt zu einer charakteristischen purpurroten Verfärbung der Haut in den tiefer liegenden Körperstellen.

Die anfängliche Farbe der Leichenschauerm kann variieren und zeigt sich oft als rote oder bläuliche Verfärbung, die im Verlauf der Zeit durch die weitere Zersetzung des Blutes dunkler werden kann. Die Verfärbung entwickelt sich normalerweise innerhalb der ersten Stunden nach dem Tod und kann sich bis zu einer tiefblauen oder fast schwarzen Färbung intensivieren, abhängig von den Umgebungsbedingungen und dem Fortschritt der Zersetzung. Der genaue Verlauf der Verfärbung und die Dauer, die diese Flecken benötigen, um ihre endgültige Farbe zu erreichen, können durch verschiedene Faktoren beeinflusst werden, einschließlich der Umgebungstemperatur, Luftfeuchtigkeit und der spezifischen Position des Körpers nach dem Tod.

Einfluss von Umweltbedingungen:

Die Rate und das Muster der Leichenschauerm können signifikant durch Umweltfaktoren beeinflusst werden. Temperaturen spielen eine wesentliche Rolle dabei, wie schnell sich die Totenflecken bilden und wie ausgeprägt sie sind. In wärmeren Umgebungen tritt der Prozess der Blutstauung in der Regel schneller ein und ist intensiver, da höhere Temperaturen die biochemischen Reaktionen im Körper beschleunigen. Umgekehrt verlangsamen kühlere Temperaturen diesen Prozess, da die biochemischen Reaktionen und die Blutzirkulation ebenfalls langsamer ablaufen. Auch die Luftfeuchtigkeit kann eine Rolle spielen, da hohe Luftfeuchtigkeit die Rate der Verdunstung der Körperflüssigkeiten beeinflusst und somit die Entwicklung der Totenflecken beeinflussen kann.

Zusätzlich beeinflusst die Körperhaltung des Verstorbenen den Verlauf der Leichenschauerm. Die Art und Weise, wie der Körper positioniert ist, wenn der Tod eintritt, bestimmt, in welchen Bereichen des Körpers sich das Blut stauen wird. Zum Beispiel, wenn eine Person in einer bestimmten Position liegt, wird das Blut in den tiefer liegenden Teilen des Körpers, die der Schwerkraft ausgesetzt sind, stärker angereichert und sichtbar werden. Diese Informationen können für die forensische Wissenschaft von großem Wert sein, da sie helfen können, die Position des Körpers zum Zeitpunkt des Todes zu rekonstruieren.

Einfluss auf die forensische Untersuchung:

Für die forensische Untersuchung sind die Leichenschauerm von großer Bedeutung, da sie wertvolle Informationen über die Todesumstände liefern können. Forensische Experten analysieren das Muster und die Farbe der Flecken, um Rückschlüsse auf die Körperhaltung nach dem Tod und möglicherweise auch auf die Umstände des Todes zu ziehen. Die postmortalen Flecken sind häufig ein entscheidender Indikator für die Position des Körpers und können helfen, zu bestimmen, ob der Körper bewegt oder verändert wurde.

Zusätzlich bieten die Leichenschauerm Hinweise auf den Todeszeitpunkt. Durch die genaue Untersuchung der Flecken können Forensiker Rückschlüsse auf den Zeitpunkt des Todes ziehen, da sich das Muster und die Farbe der Totenflecken über die Zeit hinweg verändern. Die Analyse dieser Veränderungen ermöglicht es, eine Zeitspanne seit dem Tod abzuschätzen und zu verstehen, wie lange der Körper bereits verstorben ist.

Insgesamt sind die Leichenschauerm ein unverzichtbares Werkzeug in der forensischen Pathologie. Sie helfen nicht nur dabei, die genaue Todesursache und den Todeszeitpunkt zu bestimmen, sondern auch dabei, wichtige Details über die Todesumstände zu klären. Das Verständnis der Entstehung und der Bedeutung dieser Flecken ist entscheidend für die genaue Rekonstruktion des Todesereignisses und die Aufklärung von Todesfällen.

3.4.3 Mikrobielle Zersetzung

Der Prozess der mikrobiellen Zersetzung beginnt unmittelbar nach dem Tod und ist ein wesentlicher Bestandteil des Verfallsprozesses, der den Körper von einem lebenden Organismus in einen Zustand der Zersetzung überführt. Dieser Übergang ist gekennzeichnet durch die intensive Aktivität von Mikroben, die natürlicherweise im Körper vorkommen und sich darauf spezialisieren, organische Substanzen abzubauen. Diese Mikroben sind vor allem Bakterien und Pilze, die in verschiedenen Körperbereichen wie dem Verdauungstrakt, der Haut und anderen Schleimhäuten vorkommen. Ihre Tätigkeit führt zu einer Reihe von biochemischen und physikalischen Veränderungen, die für die fortschreitende Zersetzung des Körpers entscheidend sind.

Gasbildung und Blähung:

Mechanismus der Gasbildung:

Nach dem Tod beginnen Mikroben, die im Verdauungstrakt und auf anderen Körperoberflächen leben, sich auf den Abbau der organischen Substanzen zu konzentrieren. Diese Mikroben, darunter viele anaerobe Bakterien, die keinen Sauerstoff benötigen, um zu gedeihen, nutzen die verbleibenden Nährstoffe im Körper für ihren Stoffwechsel. Im Verlauf dieses Abbauprozesses produzieren die Mikroben eine Vielzahl von Gasen als Nebenprodukte. Zu den Hauptgasen, die während der mikrobiellen Zersetzung entstehen, gehören Methan, Wasserstoff, Schwefelwasserstoff und Kohlenstoffdioxid.

Diese Gase beginnen sich allmählich in den Körperhöhlen und Geweben anzusammeln, da nach dem Tod die normalen Wege der Ausatmung und des Gastransports unterbrochen sind. Die Gasproduktion setzt häufig innerhalb der ersten 24 Stunden nach dem Tod ein und nimmt mit der Zeit weiter zu, da die Mikroben weiterhin aktiv sind. Der angesammelte Druck der Gase verursacht eine sichtbare Aufblähung des Körpers, besonders in der Bauchregion und in anderen Körperbereichen, die tief liegen. Diese Blähungen sind oft so ausgeprägt, dass sie durch die Haut sichtbar werden, und sie sind ein deutliches Zeichen für den Fortschritt der Zersetzung.

Auswirkungen auf die Körperstruktur:
Die durch die Gasbildung verursachte Aufblähung hat erhebliche Auswirkungen auf die Struktur des Körpers. Der steigende Druck der Gase führt dazu, dass die Haut und die darunter liegenden Gewebe extrem gedehnt werden. Dies kann zu sichtbaren Rissen und Aufplatzungen der Haut führen, da die Haut nicht in der Lage ist, dem hohen Druck standzuhalten. Diese Risse sind nicht nur ein äußerliches Phänomen, sondern sie reflektieren tiefgreifende Veränderungen im inneren Gewebe, das ebenfalls durch den Druck und die Zersetzung beeinträchtigt wird.

In fortgeschrittenen Phasen der mikrobielen Zersetzung kann der Druck so stark werden, dass die Haut tatsächlich platzt. Diese Hautrisse ermöglichen eine zusätzliche Freisetzung der Gase und Zellmaterialien in die Umgebung, was den Verwesungsprozess weiter beschleunigt. Die Freisetzung von Gasen und anderen Zersetzungsprodukten kann auch zu einer stärkeren Kontamination der Umgebung führen, da die freigesetzten Substanzen sich in der Nähe des Körpers ausbreiten.

Die Gasbildung und die damit verbundenen Blähungen können auch die Integrität der inneren Organe beeinträchtigen. Der Druck, der auf die inneren Strukturen wirkt, kann zu weiteren Schäden und Veränderungen im Gewebe führen. Diese Veränderungen tragen dazu bei, dass die körperliche Struktur weiter auseinanderfällt und sich zersetzt. Die Blähung kann die Organe weiter schädigen und dazu führen, dass sie sich noch schneller auflösen.

Zusammenfassung:

Zusammenfassend lässt sich sagen, dass die mikrobielle Zersetzung, insbesondere die Gasbildung und die damit verbundene Blähung, einen zentralen Teil des Zersetzungsprozesses darstellt. Die Entstehung und Ansammlung von Gasen im Körper haben nicht nur visuelle Auswirkungen, sondern führen auch zu tiefgreifenden Veränderungen in der Körperstruktur. Das Verständnis dieser Prozesse ist entscheidend, um den Verlauf der Zersetzung nach dem Tod zu erkennen und die komplexen biochemischen und physikalischen Veränderungen, die in dieser Phase auftreten, besser zu verstehen.

3.4.4 Geruchsbildung:

Mit dem Fortschreiten der Zersetzung entwickeln sich im Körper charakteristische Gerüche, die durch die Freisetzung einer Vielzahl von flüchtigen organischen Verbindungen entstehen. Diese Verbindungen, die unter anderem Cadaverin und Putrescin umfassen, sind die Hauptursache für den markanten „Todesgeruch", der häufig als unangenehm und durchdringend beschrieben wird. Der Prozess, durch den diese Gerüche entstehen, ist ein komplexes Zusammenspiel von mikrobiellem Abbau und chemischen Reaktionen, die nach dem Tod beginnen und sich im Laufe der Zersetzung intensivieren.

Mechanismus der Geruchsbildung:

Die Entstehung des charakteristischen Verwesungsgeruchs ist ein direktes Ergebnis der mikrobialen Zersetzung von organischen Molekülen, insbesondere von Aminosäuren und Proteinen. Nach dem Tod beginnen Mikroben, die natürlicherweise im menschlichen Körper vorkommen, mit dem Abbau der verbliebenen organischen Stoffe. Dieser Abbauprozess erfolgt hauptsächlich durch anaerobe Bakterien, die in einem sauerstofffreien Milieu gedeihen. Während dieser Zersetzungsphase werden verschiedene flüchtige Verbindungen produziert, die für ihre starken und unangenehmen Gerüche bekannt sind.

Cadaverin und Putrescin sind zwei der Hauptverbindungen, die für den charakteristischen Geruch des verfallenden Körpers verantwortlich sind. Beide Verbindungen sind Amine, die durch den mikrobiellen Abbau von Lysin und Ornithin entstehen. Lysin ist eine essentielle Aminosäure, die in vielen Proteinen vorkommt, während Ornithin ein Zwischenprodukt im Harnstoffzyklus ist. Bei der Zersetzung von Proteinen werden diese Aminosäuren durch die enzymatischen Aktivitäten der Mikroben in Cadaverin und Putrescin umgewandelt.

Cadaverin und Putrescin sind stark riechende Verbindungen, die einen fauligen, stinkenden Geruch erzeugen. Dieser Geruch ist besonders intensiv und wird oft mit dem typischen Verwesungsgeruch assoziiert. Neben diesen Hauptverbindungen werden auch andere flüchtige organische Verbindungen wie Methanthiol, Schwefelwasserstoff und Dimethylsulfid freigesetzt, die ebenfalls zur Entstehung des typischen Geruchs beitragen. Methanthiol hat einen stark schwefelhaltigen Geruch, der an verfaulte Zwiebeln erinnert, während Schwefelwasserstoff einen fauligen, faulen Eiergeruch hat. Dimethylsulfid trägt ebenfalls zu den unangehmen Gerüchen bei und verstärkt den allgemeinen

Verwesungsgeruch.

Einfluss auf die Umwelt:

Der Geruch, der bei der Zersetzung eines Körpers entsteht, kann erhebliche Auswirkungen auf die Umwelt haben, insbesondere in geschlossenen oder schlecht belüfteten Räumen. In solchen Umgebungen kann der Geruch besonders stark und anhaltend sein, was zusätzliche Herausforderungen für die Lagerung und Handhabung des Leichnams mit sich bringt. In geschlossenen Räumen, wie zum Beispiel in einem nicht belüfteten Raum oder einem geschlossenen Container, kann sich der Geruch schnell intensivieren und eine unangenehme und durchdringende Atmosphäre schaffen.

Die intensive Geruchsausbreitung kann auch Auswirkungen auf die angrenzende Umgebung haben. Wenn ein Leichnam in einem belebten Bereich wie einer Wohnung oder einem Gebäude gefunden wird, kann der Geruch zu erheblichen Beschwerden und gesundheitlichen Bedenken für die umliegenden Bewohner führen. Der Geruch kann durch Wände und Türen dringen und in benachbarte Räume oder Gebäude gelangen, was zusätzliche Maßnahmen zur Bekämpfung der Geruchsbelästigung erforderlich macht. Um den Geruch zu kontrollieren und einzudämmen, werden oft spezielle Maßnahmen ergriffen, wie die Verwendung von Luftreinigern, Geruchskontrollmitteln und verstärkter Belüftung.

In der Forensik kann der Geruch der Zersetzung ebenfalls wichtige Informationen liefern. Die Intensität und der Charakter des Geruchs können Hinweise auf den Zeitraum seit dem Tod und den Zustand des Leichnams geben. Forensische Experten nutzen oft diese Geruchseigenschaften, um die Zersetzungszeit genauer zu bestimmen und weitere Details über die Umstände des Todes zu rekonstruieren. Der Geruch kann auch in Ermittlungen eine Rolle spielen, um festzustellen, ob der Tod in einem geschlossenen Raum oder unter bestimmten Bedingungen stattgefunden hat, die die Geruchsausbreitung beeinflusst haben könnten.

Zusammenfassung:

Der Prozess der Geruchsbildung während der Zersetzung ist ein komplexer und vielschichtiger Aspekt des Verfalls, der durch die Produktion von flüchtigen organischen Verbindungen wie Cadaverin und Putrescin charakterisiert wird. Diese Verbindungen entstehen als Nebenprodukte des mikrobiellen Abbaus von Aminosäuren und anderen organischen Molekülen. Der resultierende Geruch hat nicht nur

Auswirkungen auf die unmittelbare Umgebung des Leichnams, sondern kann auch tiefgreifende Auswirkungen auf die Umwelt haben, insbesondere in geschlossenen oder schlecht belüfteten Räumen. Ein umfassendes Verständnis der Geruchsbildung und ihrer Auswirkungen ist entscheidend für das Management der Zersetzung und die forensische Analyse der postmortalen Veränderungen.

Kapitel 4:
Die ersten Stunden nach dem Tod

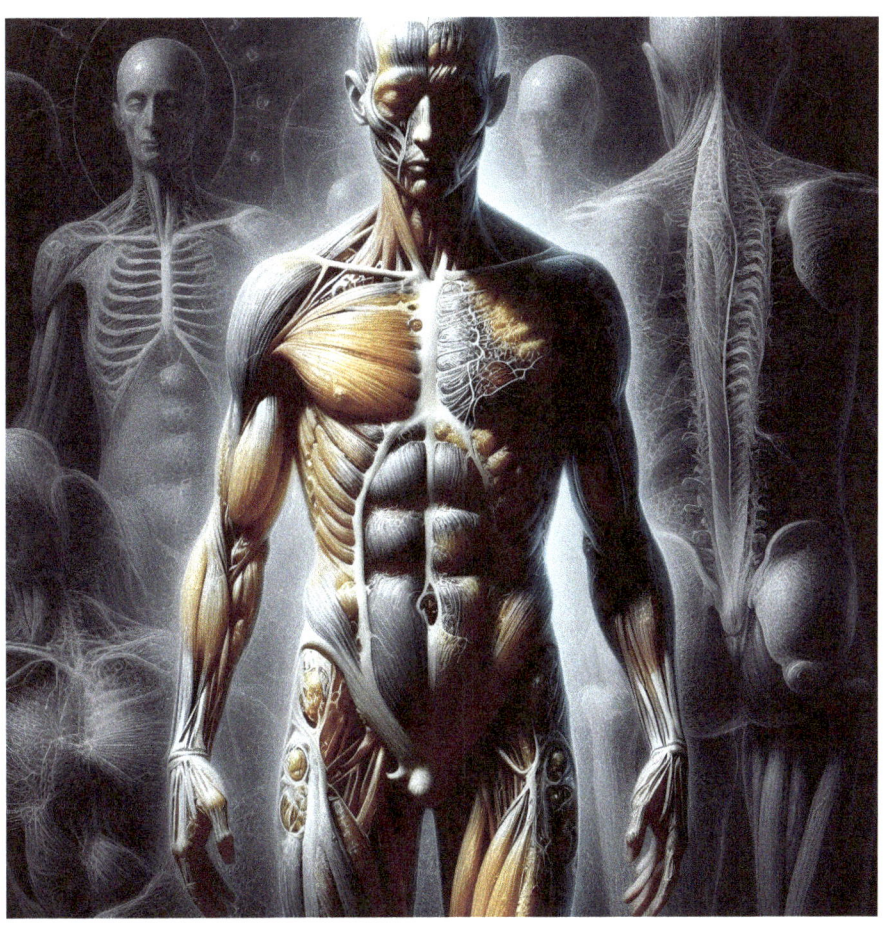

Energie und Vergänglichkeit - Die Reise nach dem Tod

4.1. Frühzeitige physiologische Veränderungen

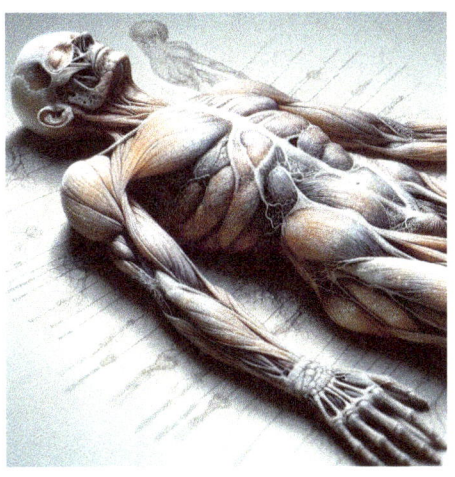

Unmittelbar nach dem Tod beginnen im Körper zahlreiche tiefgreifende physiologische Prozesse, die den Übergang vom Leben zur Zersetzung signalisieren. Diese Veränderungen sind komplex und reichen von sichtbaren Phänomenen bis hin zu mikroskopischen Prozessen, die den Fortschritt des Zersetzungsprozesses beeinflussen. Die ersten Stunden nach dem Tod sind von entscheidender Bedeutung, da sie die Grundlage für die spätere Zersetzung bilden und wichtige Informationen für die forensische Untersuchung liefern. Ein umfassendes Verständnis dieser frühen Veränderungen ist notwendig, um den gesamten Prozess von der physiologischen Veränderung bis hin zur vollständigen Zersetzung des Körpers zu begreifen.

4.1.1. Temperaturveränderungen

Algor Mortis:

Direkt nach dem Tod stellt der Körper die Wärmeerzeugung ein. Dies geschieht, weil der Stoffwechsel, der für die kontinuierliche Produktion von Wärme verantwortlich ist, aufhört. Ohne diesen kontinuierlichen Stoffwechsel, der während des Lebens für eine stabile Körpertemperatur sorgt, beginnt der Körper sofort, Wärme an die Umgebung abzugeben. Der Prozess, der als Algor Mortis bekannt ist, führt zu einem stetigen Abfall der Körpertemperatur. Diese Abkühlung erfolgt in der Regel mit einer Rate von etwa 1 bis 1,5 Grad Celsius pro Stunde. Der Körper verliert seine Wärme bis er sich weitestgehend der Umgebungstemperatur angepasst hat. Die Geschwindigkeit dieses Prozesses kann jedoch durch eine Vielzahl von Faktoren beeinflusst werden.

Einflussfaktoren:

Eine Vielzahl von Faktoren beeinflusst den Verlauf der Temperaturveränderungen nach dem Tod. Dazu gehört in erster Linie die Umgebungstemperatur, die den Wärmeverlust des Körpers maßgeblich beeinflusst. In kühlen oder kalten Umgebungen wird der Temperaturabfall beschleunigt, da der Unterschied zwischen der Körpertemperatur und der Umgebungstemperatur ausgeprägter ist. Dies führt dazu, dass der Körper schneller abkühlt. Auf der anderen Seite verlangsamt sich der Temperaturabfall in wärmeren Umgebungen, da der Unterschied zwischen Körper- und Umgebungstemperatur geringer ist.

Die Art und Menge der Kleidung des Verstorbenen kann ebenfalls signifikanten Einfluss auf die Temperaturveränderungen haben. Dicke Kleidung kann als Isolierung wirken und den Wärmeverlust verlangsamen, während dünne oder feuchte Kleidung diesen Prozess beschleunigen kann. Die Lagerbedingungen, in denen der Körper aufbewahrt wird, sind ebenfalls von Bedeutung. Ein Körper, der auf einem kalten, harten Untergrund liegt, verliert schneller Wärme als einer, der auf einem wärmeren oder weicheren Untergrund gelagert ist.

Zusätzlich beeinflusst die Körpermasse des Verstorbenen die Rate des Wärmeverlusts. Größere Körper mit mehr Gewebe und Muskelmasse haben eine höhere Wärmespeicherfähigkeit und verlieren Wärme langsamer als kleinere Körper. Auch die Körperposition spielt eine Rolle. Eine größere Kontaktfläche mit einem kalten Untergrund kann den Wärmeverlust beschleunigen, während eine Position, die weniger Kontakt mit kalten Oberflächen hat, diesen Prozess verlangsamt.

Praktische Anwendungen:

In der forensischen Medizin ist die Untersuchung des Temperaturabfalls nach dem Tod von erheblicher Bedeutung. Die genaue Messung der Körperkerntemperatur, kombiniert mit dem Verständnis der oben genannten Einflussfaktoren, ermöglicht es Ermittlern und Gerichtsmedizinern, den Todeszeitpunkt abzuschätzen. Dies ist besonders nützlich, wenn der genaue Zeitpunkt des Todes für Ermittlungen oder rechtliche Fragestellungen von Bedeutung ist. Die Kenntnis der Algor Mortis ist ein unverzichtbares Werkzeug in der forensischen Analyse.

Die Schätzung des Todeszeitpunkts basierend auf dem Temperaturabfall ist jedoch nicht ohne Unsicherheiten. Verschiedene Umwelt- und Körperfaktoren können die Rate des Temperaturabfalls beeinflussen, was zu unterschiedlichen Ergebnissen führen kann. Daher ist die

Kenntnis der Algor Mortis nur ein Teil eines umfassenden forensischen Ansatzes. Um ein möglichst präzises Bild des Todeszeitpunkts zu erhalten, müssen weitere Methoden und Techniken angewendet werden. Ein fundiertes Verständnis dieser Prozesse und ihrer Variationen ist für Ermittler und Gerichtsmediziner unerlässlich, um genaue und verlässliche Schlussfolgerungen zu ziehen.

Zusammenfassend lässt sich sagen, dass die frühen physiologischen Veränderungen nach dem Tod eine Vielzahl von Faktoren umfassen, die die nachfolgenden Zersetzungsprozesse beeinflussen. Der Verständnis dieser Veränderungen ist von zentraler Bedeutung, um den Übergang vom Leben zur Zersetzung vollständig zu begreifen und die forensischen Herausforderungen zu meistern, die sich aus dem Todeszeitpunkt ergeben.

4.1.2. Blutgerinnung

Beginn der Gerinnung:

Unmittelbar nach dem Tod beginnt der Körper einen dramatischen Wandel durch eine Reihe von physiologischen Prozessen. Einer der ersten signifikanten Prozesse, der einsetzt, ist die Blutgerinnung. Da der kontinuierliche Blutfluss, der während des Lebens durch das Herz aufrechterhalten wurde, abrupt endet, beginnen die physiologischen Bedingungen im Körper zu verändern. Das Blut, das zuvor in Bewegung war und durch die Blutgefäße zirkulierte, beginnt innerhalb der Gefäße zu gerinnen, sobald die Blutzirkulation stoppt. Dieser Prozess, der als postmortale Blutgerinnung bezeichnet wird, tritt innerhalb weniger Stunden nach dem Tod auf und ist ein direktes Ergebnis des Fehlens der Herzaktivität und der nachlassenden Blutströmung.

Die Gerinnung wird zusätzlich durch die Schwerkraft beschleunigt, die das Blut in die tiefer gelegenen Körperbereiche zieht. Dieses Phänomen führt zur Bildung von sogenannten „postmortalen Blutgerinnseln", die sich in den Venen und Arterien ansammeln. Diese Gerinnsel sind oft von unterschiedlicher Größe und Konsistenz, je nachdem, wie lange der Todeszeitpunkt zurückliegt und welche Bedingungen vorherrschen. Die Bildung solcher Gerinnsel ist ein früher und eindeutiger Indikator für den Tod und ein wesentlicher Bestandteil der postmortalen Veränderungen.

Lebenszeichen:

Die Blutgerinnung nach dem Tod führt zur Bildung charakteristischer Totenflecken, auch als Livores bekannt. Diese Flecken entstehen durch das Absinken des Blutes in die tiefer liegenden Körperregionen aufgrund der Schwerkraft. Sobald die Blutzirkulation aufhört, verlagert sich das Blut nach unten, und es entstehen sichtbare Flecken in den betroffenen Bereichen. Diese Totenflecken sind typischerweise rot bis violett und zeigen sich am häufigsten an den Körperstellen, die den niedrigeren Teilen des Körpers entsprechen, wie dem Rücken, den Oberschenkeln oder dem Gesäß.

Die Verteilung und das Erscheinungsbild dieser Flecken können wertvolle Hinweise auf die Position des Körpers zum Zeitpunkt des Todes geben. Forensische Experten nutzen diese Informationen, um Rückschlüsse auf die Todesumstände zu ziehen. Beispielsweise kann die genaue Lage der Totenflecken dazu beitragen, die Körperposition zu rekonstruieren und mögliche Bewegungen oder Veränderungen nach dem Tod zu identifizieren. Solche Untersuchungen sind von großer Bedeutung, um ein umfassendes Bild der Todesumstände zu erhalten und mögliche Hinweise auf eine Manipulation des Leichnams zu erkennen.

Veränderungen der Blutgerinnung:

Die Geschwindigkeit und Art der Blutgerinnung nach dem Tod können durch eine Vielzahl von Faktoren beeinflusst werden. Diese Faktoren umfassen die medizinische Vorgeschichte des Verstorbenen, insbesondere Erkrankungen oder Medikamente, die die Blutgerinnung beeinflussen. Zum Beispiel können Krankheiten wie Hämophilie, bei der die Blutgerinnung gestört ist, oder die Einnahme von Antikoagulanzien, die die Gerinnungsfähigkeit des Blutes verringern, den postmortalen Gerinnungsprozess signifikant verändern.

Zusätzlich können äußere Bedingungen wie Temperatur und Feuchtigkeit den Verlauf der Blutgerinnung beeinflussen. In einem warmen, feuchten Umfeld kann die Gerinnung schneller oder langsamer erfolgen als in einem kühleren, trockenen Umfeld. Diese Umgebungsbedingungen können die chemischen und biologischen Prozesse, die zur Gerinnung führen, variieren und so die Konsistenz und das Ausmaß der Gerinnselbildung beeinflussen.

Forensische Relevanz:

Die Untersuchung der Totenflecken und der postmortalen Blutgerinnsel spielt eine wesentliche Rolle in der forensischen Medizin. Die Analyse dieser Veränderungen kann wertvolle Hinweise auf die Umstände des Todes und mögliche Manipulationen des Leichnams geben. Ungewöhnliche Muster oder das Fehlen von Totenflecken können beispielsweise auf eine Veränderung der Körperposition nach dem Tod oder auf eine Manipulation des Leichnams hinweisen.

Eine detaillierte Untersuchung und Dokumentation der Totenflecken und der Blutgerinnsel sind daher entscheidend, um ein genaues Bild der Todesumstände zu erhalten. Forensische Experten müssen sorgfältig prüfen, wie und wann sich diese Flecken gebildet haben und welche Faktoren möglicherweise die Gerinnung beeinflusst haben könnten. Diese Informationen tragen erheblich dazu bei, die Todesursache und die Todesumstände zu ermitteln, und sind ein unverzichtbarer Bestandteil der forensischen Untersuchung.

4.1.3. Muskelschlaffung und Rigor Mortis

Muskelerschlaffung:

Unmittelbar nach dem Tod beginnt der Körper einen bedeutenden physiologischen Wandel, der sich in der vollständigen Entspannung der Muskeln manifestiert. Diese Phase, die als Muskelerschlaffung bezeichnet wird, ist durch eine bemerkenswerte körperliche Erschlaffung gekennzeichnet. In den ersten Stunden nach dem Tod sind alle Muskeln im Körper weich und flexibel, da sie keine Fähigkeit mehr zur Kontraktion besitzen. Dies ist auf das Fehlen von ATP (Adenosintriphosphat) zurückzuführen, das während des Lebens für die Muskelkontraktionen und -entspannungen unerlässlich ist. Ohne diese Energiequelle können die Muskeln nicht mehr aktiv arbeiten und entspannen sich daher vollständig.

Dieser Zustand der Muskelerschlaffung ist vorübergehend und dauert nur eine begrenzte Zeit an. Die vollständige Erschlaffung kann je nach Temperatur, Feuchtigkeit und anderen Umweltbedingungen variieren. Beispielsweise kann in einem kühlen Umfeld die Muskelerschlaffung länger andauern, während in einem wärmeren Umfeld der Prozess schneller fortschreiten kann. Die Erschlaffung der Muskulatur sorgt dafür, dass der Körper zu Beginn des Zersetzungsprozesses weich und flexibel bleibt, was eine wichtige Phase im Übergang vom Leben zur Zersetzung darstellt.

Einsetzen von Rigor Mortis:

Etwa 2 bis 6 Stunden nach dem Tod setzt der nächste signifikante Prozess ein, bekannt als Rigor Mortis oder Totenstarre. Während dieser Phase beginnen die Muskeln allmählich, sich zu versteifen. Dieser Prozess ist ein Ergebnis des biochemischen Ungleichgewichts im Körper nach dem Tod. Während des Lebens sind die Muskeln in einem ständigen Zustand von Kontraktion und Entspannung, geregelt durch die Verfügbarkeit von ATP. Nach dem Tod wird keine neue ATP-Produktion mehr ermöglicht, und die bereits vorhandenen Energiereserven werden erschöpft. Die Muskelfasern bleiben in einem starren Zustand haften, da die notwendigen chemischen Prozesse zur Muskelentspannung nicht mehr stattfinden.

Die maximale Steifigkeit der Muskeln wird in der Regel nach etwa 12 bis 24 Stunden erreicht. Während dieser Zeit ist der Körper stark versteift, was die Beweglichkeit stark einschränkt. Rigor Mortis hält normalerweise für einen Zeitraum von 24 bis 48 Stunden an, bevor die Muskulatur wieder an Flexibilität verliert. Dieser Rückgang der Muskelsteifigkeit ist das Ergebnis des fortschreitenden Zersetzungsprozesses, der die Muskelstrukturen abbaut. Diese Phase des Muskelverhärtungsprozesses ist eine wichtige Zeitspanne für die Bestimmung des Todeszeitpunkts und bietet wertvolle Informationen für forensische Analysen.

Phasen der Rigor Mortis:

Der Prozess der Rigor Mortis verläuft in mehreren klar unterscheidbaren Phasen. Zunächst tritt eine initiale Steifheit in den Muskeln auf, die sich allmählich verstärkt, bis die maximale Muskelstarre erreicht ist. Diese anfängliche Steifheit beginnt in der Regel in den kleineren Muskeln und breitet sich dann auf größere Muskelgruppen aus. Nach der vollständigen Erreichung der maximalen Steifigkeit beginnt die Rigor Mortis allmählich nachzulassen, da die Gewebe beginnen, sich zu zersetzen und die strukturelle Integrität der Muskelfasern nachlässt. Der genaue Verlauf und die Dauer dieser Phasen können durch verschiedene Umweltbedingungen beeinflusst werden, einschließlich Temperatur, Feuchtigkeit und der körperlichen Verfassung des Verstorbenen.

Die Variation in der Geschwindigkeit und dem Muster der Rigor Mortis kann Aufschluss über spezifische Faktoren zum Zeitpunkt des Todes geben. Faktoren wie die Umgebungstemperatur oder die körperliche Aktivität des Verstorbenen vor dem Tod können den Verlauf der Rigor Mortis erheblich beeinflussen. Eine detaillierte Analyse der Phasen und der Intensität der Muskelversteifung bietet forensischen Experten wertvolle Hinweise zur Todeszeitpunktbestimmung und zu möglichen äußeren Einflüssen, die den Prozess beeinflusst haben könnten.

Bedeutung für die forensische Untersuchung:

Die Untersuchung der Rigor Mortis ist von erheblicher Bedeutung für die forensische Medizin und liefert wichtige Informationen über den Todeszeitpunkt und die Umstände des Todes. Die Art und Weise, wie sich die Steifheit im Körper verteilt und wie lange sie anhält, kann Hinweise auf die Position des Körpers zum Zeitpunkt des Todes geben. Diese Informationen sind entscheidend für die Rekonstruktion der Todesumstände und die Ermittlung von Anzeichen für mögliche Manipulationen des Leichnams.

Unregelmäßigkeiten in der Rigor Mortis, wie asymmetrische Muskelversteifung oder Verzögerungen im Beginn der Steifheit, können auf bestimmte Krankheitszustände oder außergewöhnliche Bedingungen hinweisen. Eine sorgfältige Untersuchung und Dokumentation der Rigor Mortis ist daher unerlässlich für die forensische Analyse, um die genaue Todesursache und die Umstände zu bestimmen und um sicherzustellen, dass alle relevanten Informationen bei der Untersuchung berücksichtigt werden.

4.2. Biochemische Prozesse und enzymatische Aktivitäten

Die ersten Stunden nach dem Tod sind von spezifischen biochemischen und enzymatischen Prozessen geprägt, die den Beginn der Zersetzung markieren und tiefgreifende Einblicke in die molekularen Veränderungen bieten, die im Körper stattfinden. Diese Phase ist entscheidend für das Verständnis der sich entwickelnden biologischen Prozesse, die die Grundlage für die vollständige Zersetzung bilden. Die biochemischen Reaktionen, die in dieser Zeit ablaufen, sind sowohl automatischer als auch durch den Verlust von lebenswichtigen Nährstoffen und Sauerstoff bedingt.

4.2.1. Enzymatische Zersetzung

Autolyse:

Die Phase der Autolyse beginnt unmittelbar nach dem Tod und ist ein entscheidender Schritt im Prozess der Zersetzung. Bei diesem Prozess werden die Enzyme, die sich normalerweise in den Lysosomen der Zellen befinden, freigesetzt. Die Lysosomen sind spezialisierte Organellen, die für den Abbau von Zellabfällen und nicht mehr benötigten Zellbestandteilen verantwortlich sind. Nach dem Tod, wenn die Zellfunktionen eingestellt sind und der Stoffwechsel zum Erliegen kommt, werden diese Enzyme freigesetzt und beginnen, die Zellstrukturen systematisch abzubauen.

Der Autolyse-Prozess ist ein automatischer und selbstverstärkender Mechanismus. Ohne die regulierende Kontrolle der Zelle und unter dem Einfluss des Verlusts von Nährstoffen und Sauerstoff beginnen die Enzyme, die Zellstrukturen, wie Zellwände, Zellkerne und Organellen, zu zersetzen. Dieser interne Abbauprozess verläuft typischerweise rasch, da die Enzyme sofort beginnen, die Zellkomponenten wie Proteine, Lipide und Nukleinsäuren zu zersetzen. Das Ergebnis ist ein fortschreitender Zerfall der Zellstrukturen, der die Grundlage für die nachfolgende vollständige Zersetzung des Körpers bildet.

Zellmembranschäden:

Ein weiterer wesentlicher Aspekt der frühen Zersetzung ist der Schaden an den Zellmembranen, der durch den Mangel an ATP verursacht wird. ATP (Adenosintriphosphat) ist die Energiequelle, die für die Aufrechterhaltung der Zellintegrität unerlässlich ist. Während des Lebens sorgt ATP für die Stabilität der Zellmembranen, indem es die notwendigen Energieprozesse zur Aufrechterhaltung der Zellstruktur und der Zellfunktion bereitstellt. Sobald der Tod eintritt, endet die Produktion von ATP, und die bestehenden ATP-Vorräte werden schnell aufgebraucht.

Ohne ATP verlieren die Zellmembranen ihre Stabilität und Integrität, was dazu führt, dass die Enzyme aus den Lysosomen in das Zellinnere eindringen können. Diese Enzyme beginnen dann, die Zellbestandteile wie Proteine, Lipide und Nukleinsäuren zu zersetzen. Verschiedene Typen von Enzymen sind an diesem Prozess beteiligt, darunter Proteasen, die Proteine abbauen, Lipasen, die Lipide zersetzen, und Nukleasen, die Nukleinsäuren wie DNA und RNA abbauen. Der fortlaufende Abbau dieser zellulären Strukturen beschleunigt den Prozess der Zersetzung und führt zu einem signifikanten Verlust der Zellstruktur und -funktion.

Die Auswirkungen der Autolyse und der Zellmembranschäden sind tiefgreifend und tragen wesentlich zur fortschreitenden Zersetzung des Körpers bei. Diese biochemischen Veränderungen setzen eine Kaskade von weiteren Zersetzungsprozessen in Gang, die sich auf molekularer Ebene abspielen und zu den sichtbaren Zeichen der Zersetzung führen. Das Verständnis dieser frühen biochemischen und enzymatischen Aktivitäten ist daher von zentraler Bedeutung, um die vollständige Dynamik der Zersetzung und ihre zeitlichen Abläufe zu erfassen.

Prozess der Autolyse:

Der Prozess der Autolyse stellt eine äußerst komplexe und vielschichtige Phase in der Zersetzung nach dem Tod dar, die mehrere aufeinanderfolgende Stadien umfasst. Zu Beginn dieses Prozesses werden die zellulären Organellen, insbesondere die Lysosomen, die normalerweise für den Abbau von Zellabfällen verantwortlich sind, destabilisiert und ihre Enzyme freigesetzt. Die Lysosomen sind kleine, von Membranen umhüllte Organellen innerhalb der Zelle, die Enzyme enthalten, die für den Abbau von Proteinen, Lipiden und anderen Molekülen zuständig sind.

Nach dem Tod kommt es zum Verlust der Kontrolle über die Zellvitalität, und die Lysosomen beginnen, ihre Enzyme in den Zellinnenraum freizusetzen. Diese Enzyme beginnen sofort damit, die Zellmembranen zu zersetzen, die die Zelle umschließen und die internen Strukturen schützen. Die Zerstörung der Zellmembranen führt dazu, dass die Enzyme direkten Zugang zu den zellulären Organellen wie dem Zellkern, den Mitochondrien und dem endoplasmatischen Retikulum erhalten. Diese Organellen sind von zentraler Bedeutung für die Zellfunktion und enthalten essentielle Moleküle, die nun abgebaut werden.

Die Enzyme, die freigesetzt werden, sind Proteasen, Lipasen und Nukleasen, die jeweils spezifisch für den Abbau von Proteinen, Lipiden und Nukleinsäuren sind. Proteasen beginnen, die Proteinstrukturen innerhalb der Zelle zu verdauen, Lipasen wirken auf die Lipide, und Nukleasen zersetzen die Nukleinsäuren. Dieser enzymatische Abbau führt zu einer fortschreitenden Zersetzung der zellulären Strukturen und einer zunehmenden Auflösung der Zellkomponenten. Es ist wichtig zu beachten, dass der Verlauf der Autolyse in verschiedenen Geweben unterschiedlich schnell ablaufen kann, was durch die unterschiedliche Enzymkonzentration und -aktivität in diesen Geweben bedingt ist. Einige Gewebe, wie zum Beispiel die Leber und das Herz, sind aufgrund ihrer hohen Enzymaktivität anfälliger für eine schnellere Autolyse, während andere Gewebe, wie die Haut, langsamer abgebaut werden.

Einfluss externer Faktoren:

Die Geschwindigkeit und Intensität des Autolyse-Prozesses sind nicht nur von den internen Enzymen abhängig, sondern auch von einer Reihe externer Faktoren, die den Abbau erheblich beeinflussen können. Temperatur, Feuchtigkeit und die Anwesenheit von Mikroorganismen spielen eine wesentliche Rolle bei der Regulierung des Autolyse-Prozesses.

Höhere Temperaturen haben eine beschleunigende Wirkung auf den enzymatischen Abbau. Dies liegt daran, dass die meisten enzymatischen Reaktionen bei höheren Temperaturen schneller ablaufen, da die Moleküle mehr kinetische Energie besitzen, was zu einer erhöhten Reaktionsrate führt. Temperaturen, die deutlich über dem Gefrierpunkt liegen, fördern daher einen schnelleren Zersetzungsprozess, da die

Enzyme aktiver werden und die Zellstrukturen schneller abgebaut werden.

Im Gegensatz dazu verlangsamen niedrigere Temperaturen den Autolyse-Prozess. Kältere Bedingungen reduzieren die kinetische Energie der Moleküle, was zu einer langsameren enzymatischen Aktivität führt. In kalten Umgebungen kann die Zersetzung erheblich verlangsamt werden, was die Zeit bis zur vollständigen Zersetzung verlängert.

Feuchte Bedingungen haben ebenfalls einen signifikanten Einfluss auf die Autolyse. Feuchtigkeit unterstützt die Aktivität von Enzymen und Mikroorganismen, die für die Zersetzung verantwortlich sind. In feuchten Umgebungen sind die Bedingungen für das Wachstum von Bakterien und Pilzen optimal, da Wasser als Medium für den enzymatischen und mikrobiellen Abbau dient. Dies fördert die Zersetzung und beschleunigt den Prozess.

Zusammengefasst beeinflussen Temperatur, Feuchtigkeit und die Anwesenheit von Mikroorganismen maßgeblich die Geschwindigkeit und Intensität der Autolyse. Diese Faktoren spielen eine entscheidende Rolle bei der Bestimmung des Verlaufs der Zersetzung und sind daher von großer Bedeutung für das Verständnis der postmortalen Veränderungen und die forensische Analyse von Todesfällen.

Säure-Basen-Gleichgewicht

Anstieg der Säurewerte:

Unmittelbar nach dem Tod beginnt ein komplexer biochemischer Prozess, bei dem die natürlichen Stoffwechselwege des Körpers abrupt enden und durch anaerobe Stoffwechselprozesse ersetzt werden. Diese Umstellung geschieht aufgrund des sofortigen Ausfalls der Blutzirkulation und der damit verbundenen Unterbrechung der Sauerstoffversorgung. In diesem Zustand sind die Zellen gezwungen, Glukose ohne Sauerstoff abzubauen, was als anaerober Stoffwechsel bekannt ist. Dieser Prozess führt zur Produktion von Milchsäure, einem Nebenprodukt der unvollständigen Glukoseverarbeitung. Die kontinuierliche Bildung von Milchsäure während dieser anaeroben Phase bewirkt einen signifikanten Anstieg der Säurekonzentration im Gewebe. Milchsäure hat eine stark ätzende Wirkung auf die Zellstrukturen, da sie die Zellmembranen schädigt und die internen Komponenten der Zellen weiter angreift. Diese erhöhte Säurekonzentration führt zu einer weiteren Schädigung der Zellstrukturen, da die normalerweise stabilen Zellmembranen und anderen Zellbestandteile durch den konstanten Säureangriff zunehmend zerstört werden. Die fortschreitende

Zerstörung der Zellstrukturen beschleunigt den gesamten Zersetzungsprozess, da die Integrität der Zellen weiter untergraben wird. Der Anstieg der Säurewerte ist daher ein entscheidender Faktor, der den Fortschritt der Zersetzung beeinflusst und den Prozess der Gewebedegeneration beschleunigt.

pH-Wert-Senkung:

Die fortlaufende Ansammlung von Milchsäure und anderen sauren Metaboliten im Gewebe hat zur Folge, dass der pH-Wert signifikant sinkt. Der pH-Wert ist ein Maß für die Wasserstoffionenkonzentration und zeigt an, wie sauer oder basisch eine Lösung ist. Ein niedriger pH-Wert bedeutet eine höhere Säurekonzentration und hat mehrere Auswirkungen auf die Zersetzung des Gewebes. Ein solcher pH-Wert fördert die Aktivität lysosomaler Enzyme, die bei der Zersetzung von Zellstrukturen eine zentrale Rolle spielen. Diese Enzyme, darunter Proteasen, Lipasen und Nukleasen, sind besonders aktiv in einer sauren Umgebung und beschleunigen den Abbau von Zellbestandteilen wie Proteinen, Fetten und Nukleinsäuren. Der niedrigere pH-Wert führt somit zu einer erhöhten enzymatischen Aktivität, was die Zersetzung des Gewebes weiter beschleunigt. Dies hat weitreichende Konsequenzen für die Geschwindigkeit und den Verlauf der Zersetzung, da die enzymatische Aktivität den Prozess der Gewebedegeneration intensiviert. Die Senkung des pH-Werts ist daher ein wichtiger Faktor, der die Effizienz und Geschwindigkeit der Zersetzung beeinflusst und die Zersetzung der Gewebe verstärkt.

Mechanismen der pH-Wert-Senkung:

Der Rückgang des pH-Werts erfolgt hauptsächlich durch die fortschreitende Ansammlung von Milchsäure, die als Ergebnis des anaeroben Glukoseabbaus produziert wird. Im normalen Stoffwechselprozess wird Glukose aerobe abgebaut, wobei effizientere Energiequellen erzeugt werden und weniger saure Nebenprodukte entstehen. Im Gegensatz dazu führt der anaerobe Stoffwechsel zur verstärkten Produktion von Milchsäure, da der Prozess weniger effizient ist und größere Mengen saurer Metaboliten erzeugt. Ohne ausreichend Sauerstoff kann der Körper die Milchsäure nicht abbauen oder neutralisieren, sodass diese Substanz sich im Gewebe ansammelt. Die fortlaufende Ansammlung von Milchsäure und anderen sauren Metaboliten senkt den pH-Wert des Gewebes kontinuierlich. Diese Ansäuerung hat erhebliche Auswirkungen auf die biochemischen Prozesse im Körper und beschleunigt die Zersetzung des Gewebes, indem sie die Aktivität der beteiligten Enzyme verstärkt. Die verstärkte Enzymaktivität unter diesen Bedingungen trägt zur raschen Zersetzung der Zellstrukturen bei und verändert den Verlauf des Zersetzungsprozesses. Die Senkung des pH-Werts und die damit verbundene Ansammlung saurer Metaboliten sind daher zentrale Faktoren, die die Dynamik der postmortalen Veränderungen beeinflussen.

Bedeutung des pH-Werts:

Der pH-Wert des Gewebes ist ein äußerst wichtiger Indikator für den Zustand und die Zersetzung des Gewebes. Ein niedriger pH-Wert weist auf eine hohe Säurekonzentration hin, die die Aktivität von Enzymen, die für den Abbau von Zellstrukturen verantwortlich sind, verstärkt. Dies führt zu einer beschleunigten Zersetzung des Gewebes. Forensische Experten nutzen diese Informationen, um den Zeitpunkt und die Umstände des Todes besser zu bestimmen. Durch die Analyse des Säure-Basen-Verhältnisses in verschiedenen Gewebeproben können Ermittler wertvolle Hinweise auf die zeitliche Abfolge der postmortalen Veränderungen erhalten. Dies ist besonders nützlich in Fällen, in denen der genaue Todeszeitpunkt nicht eindeutig festgestellt werden kann. Eine detaillierte Untersuchung des pH-Werts und der biochemischen Prozesse, die ihn beeinflussen, ermöglicht eine präzisere Rekonstruktion der letzten Lebensmomente und der unmittelbar nach dem Tod stattfindenden Veränderungen. Forensische Experten können durch diese Analysen genauere Rückschlüsse auf die Todesumstände ziehen und den Todeszeitpunkt besser eingrenzen. Eine umfassende Untersuchung des pH-Werts liefert somit entscheidende Informationen für die forensische Untersuchung und trägt zur genauen Rekonstruktion der postmortalen Ereignisse bei.

4.3. Mikrobiologische Veränderungen

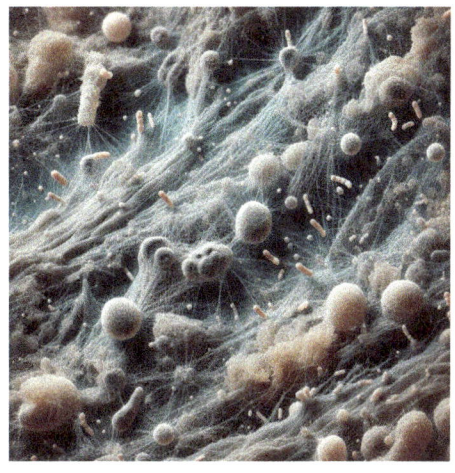

In den ersten Stunden nach dem Tod beginnen komplexe mikrobielle Prozesse, die erheblich zur Zersetzung des Körpers beitragen. Diese Veränderungen sind durch das Zusammenspiel einer Vielzahl von Mikroben wie Bakterien und Pilzen gekennzeichnet, die sowohl aus dem Körper selbst als auch aus der Umgebung stammen. Die mikrobielle Aktivität markiert den Beginn der Zersetzung und führt zu tiefgreifenden biochemischen Reaktionen, die den weiteren Verlauf der Zersetzung bestimmen. Diese Prozesse sind entscheidend für das Verständnis der postmortalen Veränderungen und bieten Einblick in die Art und Weise, wie der Körper nach dem Tod abgebaut wird.

4.3.1. Mikrobielle Invasion

Eindringen von Mikroben:

Kurz nach dem Tod, sobald die physiologischen Funktionen des Körpers eingestellt sind und das Immunsystem nicht mehr aktiv ist, beginnt eine intensive mikrobielle Invasion. Mikroben, die zuvor auf der Haut oder im Verdauungstrakt in relativer Harmonie mit dem Körper lebten, finden nun die Gelegenheit, sich ungehindert auszubreiten. Diese Mikroben nutzen die nährstoffreiche Umgebung des Körpers für ihr Wachstum und ihre Vermehrung. Ohne die natürlichen Abwehrmechanismen des Körpers, die normalerweise verhindern, dass Mikroben in die inneren Gewebe eindringen, können Bakterien und Pilze schnell in die inneren Organe und Gewebe vordringen. Dies markiert den Beginn einer neuen Phase der Zersetzung, bei der die Mikroben die Kontrolle über die biologische Umgebung übernehmen und den Zersetzungsprozess beschleunigen.

Arten der beteiligten Mikroorganismen:

Zu den wichtigsten Mikroben, die an der postmortalen Zersetzung beteiligt sind, gehören sowohl aerobe als auch anaerobe Bakterien.

Escherichia coli, die normalerweise im menschlichen Darm vorkommen, sind besonders aktiv, da sie eine Vielzahl von organischen Verbindungen abbauen können. Diese Bakterien sind an der Produktion von verschiedenen Nebenprodukten beteiligt, die den Zersetzungsprozess weiter beschleunigen.

Clostridium Arten sind anaerobe Bakterien, die in sauerstoffarmen Bedingungen gedeihen und ebenfalls eine bedeutende Rolle bei der Zersetzung spielen. Diese Bakterien sind bekannt für ihre Fähigkeit, große Mengen an Gasen und Säuren zu produzieren, die zur Aufblähung des Körpers führen.

Bacteroides sind weitere wichtige Akteure, die vor allem im Dickdarm vorkommen und beim Abbau von Nahrungsresten und Geweben aktiv sind. Pilze, insbesondere Hefen wie *Candida*, tragen ebenfalls zur Zersetzung bei, indem sie die organischen Materialien im Körper abbauen und so den Zersetzungsprozess unterstützen.

Beginn der Fermentation:

Während der mikrobiellen Invasion setzen die Mikroben die Fermentation organischer Substanzen in Gang. Fermentation ist ein biochemischer Prozess, bei dem Mikroben Kohlenhydrate, Proteine und Lipide abbauen und dabei eine Reihe von Nebenprodukten produzieren. Dieser Prozess führt zur Bildung von Gasen wie Kohlendioxid, Methan und Schwefelwasserstoff sowie verschiedenen organischen Säuren. Diese Gase sammeln sich in den Körperhöhlen und Geweben, was zu sichtbaren Blähungen und Schwellungen führt. Die organischen Säuren, die während der Fermentation entstehen, tragen zur Ansäuerung des Gewebes bei und beschleunigen die Zersetzung weiter. Der Prozess der Fermentation ist entscheidend für die schnelle Verschlechterung der Gewebe und führt zu einer schnellen Zunahme der mikrobiellen Aktivität, was die Zersetzung weiter vorantreibt.

Enzymatische Aktivität:

Mikroben setzen eine Vielzahl von Enzymen frei, die den Abbau von Körpergeweben weiter beschleunigen. Zu diesen Enzymen gehören *Proteasen*, die Proteine in kleinere Peptide und Aminosäuren zersetzen, *Lipasen*, die Fette in Fettsäuren und Glycerin aufspalten, und *Cellulasen*, die Zellulose in Zucker zersetzen. Diese Enzyme sind entscheidend für die Zerlegung komplexer organischer Moleküle in einfachere Verbindungen, die von den Mikroben als Energiequelle genutzt werden können. Durch die enzymatische Zersetzung werden die strukturellen Komponenten der Zellen abgebaut, was zu einer weiteren Zerstörung des Gewebes führt und die Zersetzung des Körpers beschleunigt. Diese Enzyme ermöglichen es den Mikroben, die verbleibenden organischen Materialien effizient zu nutzen und tragen so zur umfassenden Zersetzung des Körpers bei.

Einfluss von Umweltfaktoren:

Die Geschwindigkeit und das Ausmaß der mikrobiellen Invasion sind stark von externen Faktoren wie Umgebungstemperatur, Luftfeuchtigkeit und dem Vorhandensein von Insekten beeinflusst. Höhere Temperaturen fördern das Wachstum und die Aktivität von Mikroben, da sie die enzymatischen Reaktionen beschleunigen und die Vermehrung der Mikroben begünstigen. Eine höhere Luftfeuchtigkeit unterstützt das Wachstum von Bakterien und Pilzen, da sie eine feuchte Umgebung schafft, die ideal für das mikrobielle Wachstum ist. Auf der anderen Seite verlangsamen kältere Temperaturen und trockene Bedingungen die mikrobielle Aktivität, da sie das Wachstum und die Vermehrung der Mikroben hemmen. Auch das Vorhandensein von Insekten kann die Zersetzung beeinflussen, da bestimmte Insekten wie Fliegenlarven zur mechanischen Zerkleinerung der Gewebe beitragen, was den mikrobiellen Zersetzungsprozess weiter unterstützt und beschleunigt. Die Wechselwirkungen zwischen diesen Umweltfaktoren und den Mikroben bestimmen maßgeblich die Geschwindigkeit und den Umfang der Zersetzung.

4.3.2. Gasbildung

Erzeugung von Gasen:

Nach dem Tod setzt ein tiefgreifender mikrobakterieller Prozess ein, bei dem verschiedene Bakterienarten beginnen, die körpereigenen Gewebe zu zersetzen. Diese mikrobielle Zersetzung produziert eine Vielzahl von Gasen als Nebenprodukte. Zu den Hauptgasen, die in dieser Phase entstehen, zählen Methan (CH_4), Wasserstoff (H_2) und Schwefelwasserstoff (H_2S). Methan wird durch den anaeroben Abbau von organischen Stoffen durch bestimmte Bakterien produziert, die sich besonders in den Darmgeweben stark vermehren. Wasserstoff entsteht ebenfalls durch die Zersetzung von Kohlenhydraten und Proteinen. Schwefelwasserstoff, bekannt für seinen unangenehmen Geruch nach faulen Eiern, wird durch den Abbau von schwefelhaltigen Aminosäuren freigesetzt. Diese Gase sammeln sich in verschiedenen Körperhöhlen und Geweben und tragen erheblich zur körperlichen Veränderung des Leichnams bei.

Sichtbare Blähung:

Die Ansammlung und der Druck der Gase führen zu einer sichtbaren und fühlbaren Blähung des Körpers. Diese Blähung, auch als postmortales Emphysem bekannt, ist eines der deutlichsten Anzeichen für fortschreitende Zersetzung. Der Körper, insbesondere der Bauch und andere Körperhöhlen, beginnt sichtbar anzuschwellen. Die Haut wird durch die Gasansammlung nach außen gewölbt, und es kann zu einer spürbaren Spannungszunahme kommen. In extremen Fällen kann die Blähung so stark werden, dass sie zu sichtbaren Rissen in der Haut führt. Diese sichtbare Aufblähung verändert das äußere Erscheinungsbild des Körpers erheblich und kann ein starkes visuelles Zeichen für Ermittler darstellen.

Verwesungsgeruch:

Die bei der mikrobielle Zersetzung entstehenden Gase sind nicht nur physisch bemerkbar, sondern tragen auch erheblich zum charakteristischen Geruch der Verwesung bei. Besonders Schwefelwasserstoff, das durch den Abbau von schwefelhaltigen Verbindungen im Körper entsteht, ist für seinen markanten, unangenehmen Geruch nach faulen Eiern berüchtigt. Neben Schwefelwasserstoff entstehen auch andere flüchtige organische Verbindungen, die den Gesamtgeruch weiter verstärken. Diese Verwesungsgerüche sind starke Indikatoren für den Fortschritt der Zersetzung und werden von forensischen Experten oft zur Einschätzung des postmortalen Intervalls verwendet. Der Geruch kann auch stark variieren, abhängig von den spezifischen Mikroben, die an der Zersetzung beteiligt sind, und den Umweltbedingungen.

Austritt von Gasen:

Mit der fortschreitenden Zersetzung finden die angesammelten Gase Wege, um aus dem Körper zu entweichen. Dies geschieht oft durch natürliche Körperöffnungen wie Mund, Nase und Anus. Der Austritt der Gase kann begleitet werden von der Exsudation von Flüssigkeiten, die durch den Zerfall der Gewebe freigesetzt werden. Dieser Prozess verändert nicht nur das äußere Erscheinungsbild des Körpers, sondern kann auch die Umgebung beeinflussen, in der der Körper liegt. Der Gasaustritt kann zu einem unangenehmen und oft durchdringenden

Geruch führen, der sich auf die Umgebung ausbreitet und zusätzliche Herausforderungen für die Handhabung des Leichnams darstellen kann.

Forensische Implikationen:

Die detaillierte Untersuchung der Gasproduktion und -verteilung im Körper kann Forensikern wertvolle Informationen über den Zeitpunkt und den Fortschritt der Zersetzung liefern. Forensische Experten analysieren Muster der Gasansammlung und -freisetzung, um Rückschlüsse auf den Todeszeitpunkt zu ziehen. Abweichungen in der Gasverteilung oder -freisetzung können auch Hinweise darauf geben, ob der Körper nach dem Tod bewegt oder manipuliert wurde. Eine sorgfältige Analyse der gasbedingten Veränderungen im Körper und der Umgebung kann dazu beitragen, die Umstände des Todes genauer zu rekonstruieren und die Integrität der forensischen Untersuchung zu gewährleisten.

Energie und Vergänglichkeit - Die Reise nach dem Tod

4.4. Weitere physiologische Veränderungen

Die ersten Stunden nach dem Tod sind geprägt von zahlreichen zusätzlichen physiologischen Veränderungen, die sowohl visuell als auch olfaktorisch signifikant sind. Diese Veränderungen umfassen verschiedene Hautveränderungen sowie die Entwicklung charakteristischer Gerüche, die mit der fortschreitenden Zersetzung des Körpers verbunden sind. Diese Prozesse sind entscheidend für die forensische Analyse, da sie wertvolle Informationen über den Todeszeitpunkt und die Bedingungen des Todes liefern können.

4.4.1. Hautveränderungen

Fleckenbildung:

Unmittelbar nach dem Tod beginnt das Blut, aufgrund der Schwerkraft in die tiefer gelegenen Körperregionen zu sinken. Dies führt zu einer sichtbaren Hautverfärbung, die als Leichenblässe oder Livor mortis bezeichnet wird. Diese Verfärbung zeigt sich besonders deutlich in den Bereichen, die in Kontakt mit der Unterlage stehen. Die Haut erscheint in diesen Zonen purpurrot bis dunkelrot und kann mit der Zeit zunehmend dunkler werden, da das Blut im Gewebe gerinnt und sich setzt. Die Intensität und Verteilung von Livor mortis können durch verschiedene Faktoren beeinflusst werden, wie etwa die Umgebungstemperatur, die Luftfeuchtigkeit, und die Position des Körpers nach dem Tod. Diese Verfärbung kann auch durch den Druck auf den Körper in bestimmten Positionen verstärkt oder gemindert werden.

Kollabieren der Haut:

Im Verlauf der Zersetzung verliert die Haut allmählich ihre Elastizität und Feuchtigkeit. Dieser Prozess führt zu einer sichtbaren Veränderung der Hautstruktur, bei der sie faltig und schlaff erscheint. Die Haut wird zunehmend durch den Abbau des kollagenen und elastischen Bindegewebes beeinträchtigt. Diese Veränderung beginnt typischerweise einige Stunden nach dem Tod und verstärkt sich im Verlauf der Zersetzung. Das Fehlen von Feuchtigkeit führt zu einer weiteren Verschlechterung der Hautstruktur, die anfälliger für Risse und andere mechanische Schäden wird. Das kollabierte Erscheinungsbild der Haut kann auch durch äußere Einflüsse wie Temperatur und Feuchtigkeit der Umgebung verstärkt werden.

Blasenbildung und Ablösung:

Mit der fortschreitenden Zersetzung können sich unter der Haut Blasen bilden, die mit Zersetzungsflüssigkeiten gefüllt sind. Diese Blasen entstehen durch die Ansammlung von Gasen und Flüssigkeiten, die während des Abbauprozesses freigesetzt werden. Wenn diese Blasen platzen, können sich die äußeren Hautschichten ablösen, wodurch die darunter liegenden Gewebe freigelegt werden. Dieser Prozess, bekannt als Hautablösung oder Exfoliation, kann zu einer weiter fortgeschrittenen Zersetzung der Haut führen. Die Blasenbildung und die anschließende Hautablösung sind sichtbare Anzeichen für die Intensität der Zersetzung und können forensischen Experten wichtige Hinweise auf die Dauer des Todes und die Umgebungsbedingungen geben. Die Ablösung kann auch durch mechanische Einflüsse wie Bewegungen des Körpers oder durch die Berührung von Außenmaterialien beeinflusst werden.

Zusätzliche Veränderungen:

Neben den beschriebenen Hautveränderungen sind auch andere physiologische Anpassungen zu beobachten. Beispielsweise kann sich die Hautfarbe in den frühen Stunden nach dem Tod in verschiedenen Schattierungen verändern, von blass über gräulich bis hin zu grünlich, abhängig von der Menge und dem Ort der Blutansammlung sowie von den individuellen Bedingungen der Zersetzung. Auch die Bildung von Enzymbläschen und die Freisetzung von Zersetzungsgerüchen sind charakteristische Anzeichen für die fortschreitende Zersetzung, die in der forensischen Analyse von Bedeutung sind. All diese Veränderungen bieten wertvolle Informationen über den Zustand des Körpers und die Bedingungen nach dem Tod.

4.4.2. Geruchsbildung

Zersetzungsgeruch:

Die Zersetzung des Körpers ist ein hochkomplexer Prozess, bei dem sowohl enzymatische als auch mikrobielle Aktivitäten zur Entstehung einer Vielzahl flüchtiger Verbindungen führen, die den charakteristischen Verwesungsgeruch verursachen. Dieser unangenehme und durchdringende Geruch entsteht durch den Abbau von Proteinen, Lipiden und Kohlenhydraten in den Körpergeweben. Zu den Hauptverursachern dieses Geruchs gehören Verbindungen wie Cadaverin und Putrescin, die als Produkte des Proteinabbaus entstehen. Cadaverin, ein Diamin, und Putrescin, ein weiteres Amin, werden beide bei der Zersetzung von Aminosäuren freigesetzt und tragen erheblich zum typischen „Todesgeruch" bei. Darüber hinaus entstehen während des Zersetzungsprozesses auch verschiedene Fettsäuren und andere organische Moleküle wie Buttersäure und Propionsäure, die zur Gesamtkomposition des Geruchs beitragen. Diese Moleküle entstehen durch den Abbau von Fetten und anderen organischen Materialien im Körper und verstärken den intensiven und unangenehmen Geruch der Verwesung.

Flüchtige organische Verbindungen (VOCs):

Während der Zersetzung werden zahlreiche flüchtige organische Verbindungen (VOCs) freigesetzt, die zur Geruchswahrnehmung beitragen. Diese Verbindungen sind sehr vielfältig und umfassen nicht nur die bereits erwähnten Cadaverin und Putrescin, sondern auch eine breite Palette von Verbindungen, die während der mikrobialen und enzymatischen Abbauprozesse entstehen. Die Zusammensetzung dieser VOCs kann stark variieren, abhängig von einer Reihe von Faktoren wie der Ernährung des Verstorbenen, seinem Gesundheitszustand zum Zeitpunkt des Todes und den spezifischen Umweltbedingungen, unter denen die Zersetzung stattfindet. Beispielsweise können unterschiedliche Diäten oder Medikamente, die der Verstorbene eingenommen hat, die Art und Menge der freigesetzten VOCs beeinflussen. Diese Verbindungen können auch durch die Umgebungstemperatur und die Feuchtigkeit modifiziert werden, die die Rate der mikrobiellen Aktivität und die Geschwindigkeit der Zersetzung beeinflussen.

Forensische Anwendungen:

Die Analyse von Zersetzungsgerüchen und den damit verbundenen VOCs bietet forensischen Experten wertvolle Einblicke in den Zustand der Zersetzung und den zeitlichen Verlauf seit dem Tod. Die Intensität und die spezifische Zusammensetzung der Gerüche können Hinweise auf das Fortschreiten der Zersetzung und die damit verbundenen Zeitrahmen liefern. Die Geruchsanalyse ist besonders nützlich in Fällen, in denen eine visuelle Untersuchung des Körpers aufgrund der fortgeschrittenen Verwesung oder anderer externer Faktoren schwierig oder unmöglich ist. Forensische Wissenschaftler können spezielle Geräte und Techniken wie Gaschromatographie-Massenspektrometrie (GC-MS) verwenden, um die Zusammensetzung der flüchtigen Verbindungen präzise zu bestimmen und somit das postmortale Intervall genauer abzuschätzen. Diese Informationen sind entscheidend für die Rekonstruktion der Ereignisse rund um den Todeszeitpunkt und die postmortale Phase, da sie helfen können, den Zeitpunkt und die Umstände des Todes besser zu verstehen und etwaige Manipulationen oder Veränderungen des Körpers nach dem Tod zu erkennen.

Zusammenfassung:

Die Bildung und Freisetzung von Zersetzungsgerüchen ist ein bedeutender Aspekt der frühen postmortalen Veränderungen und bietet wertvolle Informationen für die forensische Wissenschaft. Die komplexe Mischung flüchtiger organischer Verbindungen, die während der Zersetzung entsteht, kann wichtige Hinweise auf den Fortschritt der Zersetzung und die Umstände des Todes liefern. Ein detailliertes Verständnis dieser Geruchsbildung und ihrer chemischen Grundlagen ist daher von unschätzbarem Wert für die forensische Analyse und die Rekonstruktion der Todesumstände.

Kapitel 5:
Der Prozess der Zersetzung

Energie und Vergänglichkeit - Die Reise nach dem Tod

5.1. Einleitung zur Zersetzung

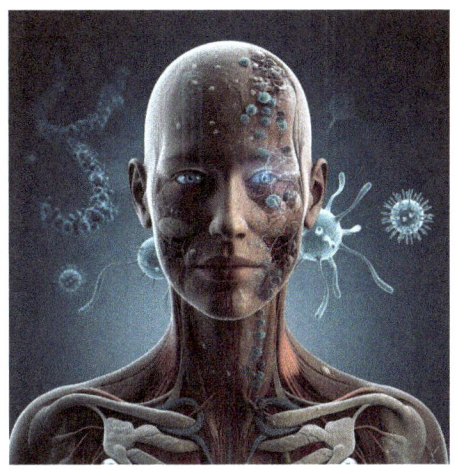

Der Prozess der Zersetzung beginnt unmittelbar nach dem Tod und ist ein komplexes und vielschichtiges Phänomen, das die schrittweise Rückführung der Körpermasse in die Umwelt beschreibt. Dieser kontinuierliche Prozess umfasst eine Reihe von biologischen, chemischen und mikrobiologischen Veränderungen, die zusammenwirken, um die Struktur und Zusammensetzung des Körpers systematisch zu verändern. Die Zersetzung ist ein natürlicher Bestandteil des ökologischen Kreislaufs, der notwendig ist, um organische Materie in ihre grundlegenden chemischen Bausteine zu zerlegen und so die Freisetzung von Nährstoffen zu ermöglichen, die von anderen Organismen wiederverwendet werden können. Die Geschwindigkeit und Art der Zersetzung werden durch eine Vielzahl interner und externer Faktoren beeinflusst, darunter die Umgebungstemperatur, Feuchtigkeit, Sauerstoffverfügbarkeit, die Art und Anzahl der beteiligten Mikroorganismen sowie das Vorhandensein von Aasfressern. Jede dieser Faktoren kann den Zersetzungsprozess auf unterschiedliche Weise beeinflussen, was zu variierenden Zeitrahmen und Mustern der Zersetzung führt.

5.1.1. Definition und Phasen der Zersetzung

Definition der Zersetzung:

Zersetzung ist der biologische Prozess, bei dem die komplexen organischen Strukturen eines verstorbenen Organismus durch verschiedene chemische und mikrobiologische Mechanismen in einfachere chemische Verbindungen umgewandelt werden. Dieser Prozess ist ein wesentlicher Bestandteil des ökologischen Kreislaufs, da er die Rückführung von organischer Materie in die Umwelt ermöglicht und somit einen wichtigen Beitrag zur Nährstoffkreislaufleistung leistet. Bei der Zersetzung werden die komplexen Moleküle, die den Körper eines Lebewesens bilden, in kleinere und stabilere chemische Einheiten zerlegt. Dies geschieht durch die Aktivität von Enzymen und Mikroorganismen, die die Zellstrukturen und Gewebe abbauen. Die Freisetzung von Nährstoffen wie Stickstoff, Phosphor und Kalium aus dem abgebauten Körpermaterial ist entscheidend für die Gesundheit und das Wachstum von Pflanzen und anderen Organismen. Die Zersetzung wird durch verschiedene Umweltfaktoren beeinflusst, einschließlich Temperatur, Feuchtigkeit, Sauerstoffverfügbarkeit und die Aktivität von Mikroben und Aasfressern. Diese Faktoren können die Geschwindigkeit und den Verlauf der Zersetzung erheblich beeinflussen und führen zu unterschiedlichen Zersetzungsphasen und -mustern.

Phasen der Zersetzung:

Der Zersetzungsprozess wird in mehrere Phasen unterteilt, die durch spezifische physikalische, chemische und biologische Veränderungen gekennzeichnet sind. Diese Phasen sind:

Frische Phase:

Diese Phase beginnt unmittelbar nach dem Tod und dauert mehrere Stunden bis zu wenigen Tagen. Sie umfasst die frühesten postmortalen Veränderungen wie Algor Mortis (Abkühlung des Körpers), Livor Mortis (Leichenflecken) und Rigor Mortis (Leichenstarre). Während dieser Phase beginnen Enzyme und Mikroben, die Zellstrukturen zu zersetzen, was zur Autolyse führt. Der Körper beginnt sich abzuwärmen, da die Stoffwechselprozesse, die Wärme erzeugen, aufhören. Die Blutfarbstoffe sinken aufgrund der Schwerkraft in die tiefer liegenden Körperregionen, was die typischen Leichenflecken verursacht. Die Muskeln beginnen sich zu versteifen und später wieder zu entspannen, während die ersten mikrobiellen Aktivitäten einsetzen, die den Zersetzungsprozess einleiten.

Aufblähende Phase:

Diese Phase ist durch die Ansammlung von Zersetzungsgasen wie Methan, Kohlendioxid und Schwefelwasserstoff gekennzeichnet, die durch den mikrobiellen Abbau von Geweben produziert werden. Diese Gase verursachen eine sichtbare und fühlbare Aufblähung des Körpers, insbesondere im Bauchbereich. Die durch die Gase verursachte Blähung führt zu einer deutlichen Veränderung des äußeren Erscheinungsbildes des Körpers. Die Gasbildung führt zu einem signifikanten Druckaufbau im Inneren des Körpers, der die Haut und die darunter liegenden Gewebe aufbläht. Der charakteristische Verwesungsgeruch entsteht durch die Freisetzung flüchtiger organischer Verbindungen, die bei der mikrobiellen Zersetzung entstehen. Diese Verbindungen, wie Cadaverin und Putrescin, tragen zum unangenehmen Geruch bei und sind ein deutliches Zeichen für fortgeschrittene Zersetzung.

Verfallsphase:

In dieser Phase erreicht die mikrobielle Aktivität ihren Höhepunkt. Der Körper beginnt sich sichtbar zu zersetzen, da weiche Gewebe durch Bakterien, Insektenlarven und andere Aasfresser abgebaut werden. Flüssigkeiten, die durch die Zersetzung freigesetzt werden, tragen zur weiteren Auflösung der Gewebe bei und schaffen eine noch feuchtere Umgebung für die mikrobiellen Aktivitäten. Diese Phase ist durch den intensiven Abbau von organischem Material gekennzeichnet, wobei der Körper zunehmend auseinanderfällt und zerfällt. Die Gewebe und Organe beginnen sich aufzulösen, und der Körper kann stark von Insekten und anderen Tieren befallen werden, die den Zersetzungsprozess weiter beschleunigen.

Trockene Phase:

In der letzten Phase der Zersetzung bleiben hauptsächlich Knochen, Haare und andere widerstandsfähigere Strukturen übrig. Die mikrobiellen Aktivitäten nehmen in dieser Phase ab, und der Abbauprozess verlangsamt sich erheblich. Über Jahre hinweg werden selbst diese robusten Strukturen langsam durch chemische und physikalische Prozesse weiter abgebaut. Die Trockene Phase ist gekennzeichnet durch eine weitgehende Reduktion des Körpers auf seine mineralischen Bestandteile. Die verbleibenden Knochen und anderen harten Gewebeteile werden durch die Einwirkung von Umwelteinflüssen wie Witterung und chemischer Zersetzung weiter abgebaut. Dieser langsame Prozess kann viele Jahre in Anspruch nehmen und führt schließlich zur vollständigen Rückführung der Körperreste in die Umwelt.

Energie und Vergänglichkeit - Die Reise nach dem Tod

5.2. Detaillierte Betrachtung der Zersetzungsphasen

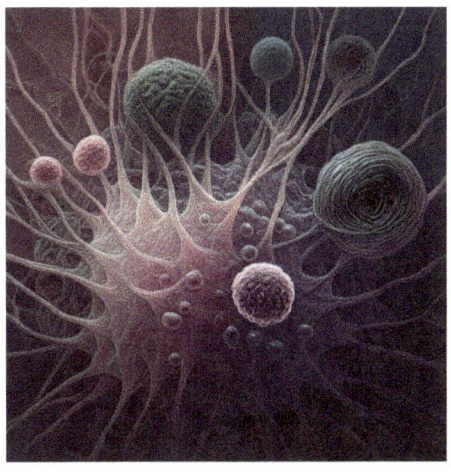

Um den komplexen Prozess der Zersetzung vollständig zu verstehen, ist es entscheidend, jede Phase im Detail zu betrachten und die spezifischen biologischen, chemischen und physikalischen Veränderungen zu analysieren. Jede Phase der Zersetzung ist durch charakteristische Merkmale gekennzeichnet, die durch verschiedene interne und externe Faktoren beeinflusst werden. Die detaillierte Untersuchung dieser Phasen liefert wichtige Erkenntnisse über die Dynamik der Zersetzung und kann wertvolle Hinweise für forensische Untersuchungen liefern. Die Betrachtung jeder Phase ermöglicht es, die zugrunde liegenden Prozesse besser zu verstehen und deren Auswirkungen auf den Körper zu erfassen.

5.2.1. Die frische Phase

Beginn der Zersetzung:

Unmittelbar nach dem Tod beginnen die physiologischen Prozesse im Körper zu stoppen. Ohne die fortlaufende Blutzirkulation und Sauerstoffzufuhr stellen die Zellen ihren Metabolismus ein, was zu einem sofortigen Beginn der Zersetzung führt. In diesem Zustand beginnt die Autolyse, bei der Enzyme, die normalerweise in den Lysosomen der Zellen eingeschlossen sind, freigesetzt werden. Diese Enzyme sind dafür verantwortlich, die Zellmembranen zu verdauen und die Zellstrukturen abzubauen. Die Enzyme, die an der Autolyse beteiligt sind, gehören zu verschiedenen Klassen wie Proteasen, die Proteine abbauen, und Lipasen, die Fette zersetzen. Der Abbau beginnt in den Zellen und breitet sich allmählich auf die benachbarten Gewebe aus. Dieser Prozess wird durch den Mangel an ATP (Adenosintriphosphat) beschleunigt, das normalerweise für die Aufrechterhaltung der Zellintegrität und der biologischen Funktionen erforderlich ist. Der Mangel an ATP führt zu einer zunehmenden Zerstörung der Zellstrukturen und -funktionen, was letztlich zur vollständigen Zersetzung der Zellinhalte führt.

Rigor Mortis:

Die Leichenstarre, auch bekannt als Rigor Mortis, beginnt etwa 2 bis 6 Stunden nach dem Tod. Während dieser Phase kommt es zu einer biochemischen Veränderung in den Muskelproteinen, insbesondere Actin und Myosin, die zu einer Versteifung der Muskeln führt. Dieser Prozess ist darauf zurückzuführen, dass ATP, das für die Muskelkontraktion und -entspannung notwendig ist, nicht mehr produziert wird. Ohne ATP bleiben die Muskeln in einem kontrahierten Zustand, was zur charakteristischen Steifheit führt. Die Leichenstarre beginnt in den kleinen Muskelgruppen, wie denen der Augenlider und des Gesichts, und breitet sich dann auf die größeren Muskelgruppen aus. Die maximale Steifigkeit wird typischerweise nach etwa 12 bis 24 Stunden erreicht und kann bis zu 48 Stunden anhalten, bevor die Muskeln wieder zu entspannen beginnen. Dieser Prozess wird durch verschiedene Faktoren beeinflusst, einschließlich der Umgebungstemperatur, des allgemeinen Gesundheitszustands des Verstorbenen und der körperlichen Aktivität vor dem Tod. Höhere Temperaturen beschleunigen die Entwicklung der Leichenstarre, während kältere Temperaturen den Prozess verlangsamen.

Livor Mortis:

Livor Mortis, auch bekannt als Leichenflecken, tritt auf, wenn das Blut nach dem Tod aufgrund der Schwerkraft in die tiefer liegenden Körperteile sinkt. Dies führt zu einer sichtbaren purpurroten Verfärbung der Haut, die als wertvolle Informationsquelle über die Position des Körpers zum Zeitpunkt des Todes dient. Die Verfärbung tritt in der Regel innerhalb der ersten 30 Minuten nach dem Tod auf und wird intensiver, je länger der Tod andauert. Livor Mortis kann dazu beitragen, festzustellen, ob der Körper nach dem Tod bewegt wurde, da die Flecken dort erscheinen, wo das Blut aufgrund der Schwerkraft am meisten konzentriert ist. Die genaue Verteilung der Flecken kann auch Hinweise auf die Todesposition und die eventuelle Manipulation des Körpers nach dem Tod geben. Die Analyse von Livor Mortis ist eine wichtige Methode in der forensischen Wissenschaft, um den Todeszeitpunkt und die Todesumstände zu bestimmen.

5.2.2. Die aufblähende Phase

Gasbildung und Blähung:

In der aufblähenden Phase, die typischerweise einige Tage nach dem Tod beginnt, tritt eine signifikante Veränderung durch die Produktion und Ansammlung von Gasen im Körper auf. Dies geschieht hauptsächlich aufgrund der Tätigkeit von Mikroben, insbesondere anaeroben Bakterien, die organische Substanzen im Körper zersetzen. Diese Bakterien sind besonders aktiv in einem sauerstoffarmen Milieu, wie es nach dem Tod im Körper vorherrscht. Die Zersetzung von Kohlenhydraten, Proteinen und Lipiden durch diese Bakterien produziert eine Vielzahl von Gasen, darunter Methan (CH_4), Kohlendioxid (CO_2), Wasserstoff (H_2) und Schwefelwasserstoff (H_2S). Diese Gase beginnen sich in den Körperhöhlen und Geweben zu sammeln, da sie durch den enzymatischen Abbau der organischen Materie freigesetzt werden. Die Ansammlung dieser Gase führt zu einer sichtbaren und spürbaren Aufblähung des Körpers. Der Bauch und andere Körperbereiche beginnen, sich erheblich auszudehnen, was zu einer markanten Vergrößerung des Körperumfangs führt. Diese Blähung ist nicht nur ein äußerlich sichtbares Zeichen der Zersetzung, sondern auch ein Indikator für die fortschreitende mikrobiellen Aktivität innerhalb des Körpers.

Mikrobielle Aktivität:

Während dieser Phase erreichen die mikrobiellen Aktivitäten ihren Höhepunkt. Die anaeroben Bakterien, die in den Körper eingedrungen sind, vermehren sich exponentiell und produzieren große Mengen an Gasen durch die Fermentation der verbleibenden organischen Substanzen. Die Gasproduktion verursacht einen erhöhten intraabdominalen Druck, der das Gewebe nach außen drückt und zu der auffälligen Aufblähung des Körpers beiträgt. Der Druck in den Körperhöhlen steigt aufgrund der kontinuierlichen Gasproduktion, bis dieser Druck zu groß wird und die Gase durch natürliche Öffnungen wie den Mund, die Nase, den Anus und andere Köperöffnungen entweichen. Dieser Prozess kann von der Exsudation von Flüssigkeiten begleitet sein, die ebenfalls durch den Zersetzungsprozess freigesetzt werden. Das Zusammenwirken von Gasen und Flüssigkeiten führt zu einer weiteren Verschlechterung des äußeren Erscheinungsbildes des Körpers. Die mikrobiellen Aktivitäten sind in dieser Phase besonders intensiv, und die fortschreitende Zersetzung kann zur Bildung von Blasen auf der Haut führen, die bei Berührung platzen können.

Verwesungsgeruch:

Der charakteristische Verwesungsgeruch, der in dieser Phase entsteht, ist das Ergebnis der Freisetzung von flüchtigen organischen Verbindungen, die durch die mikrobiellen Zersetzungsprozesse produziert werden. Zu diesen Verbindungen gehören insbesondere Schwefelwasserstoff (H2S), das für seinen markanten Geruch nach faulen Eiern bekannt ist, sowie Cadaverin und Putrescin, die Produkte des Proteinabbaus sind. Diese Gase und organischen Verbindungen diffundieren aus dem Körper und verbreiten sich in der Umgebung. Der Geruch ist intensiv und kann oft weitreichend sein, was bedeutet, dass er über große Entfernungen wahrnehmbar sein kann. Dieser Geruch ist ein wichtiger Indikator für den Fortschritt der Zersetzung und kann forensischen Experten wertvolle Informationen über den Zustand des Körpers liefern. Die Analyse des Verwesungsgeruchs kann helfen, das Ausmaß der Zersetzung einzuschätzen und Rückschlüsse auf die Umgebungsbedingungen sowie auf die Zeit seit dem Tod zu ziehen. Die Intensität und Art des Geruchs können je nach den spezifischen mikrobiellen Gemeinschaften und den Umweltbedingungen variieren, was zusätzliche Hinweise auf den Fortschritt der Zersetzung liefert.

5.2.3. Die Verfallsphase

Zersetzung weicher Gewebe:

Während der Verfallsphase, die einige Wochen nach dem Tod beginnt, erreichen die Zersetzungsprozesse ihren Höhepunkt. In dieser Phase werden die weichen Gewebe des Körpers durch eine Kombination aus mikrobiellen Aktivitäten, Insektenbefall und anderen Aasfressern weiter abgebaut. Die Mikroben, die bereits in den früheren Phasen aktiv waren, setzen ihre Arbeit fort und zerlegen die verbleibenden organischen Materialien in zunehmend einfache Verbindungen. Diese Mikroben, die sich in einem stark veränderten, nährstoffreichen Umfeld befinden, produzieren weiterhin Gase und Enzyme, die den Abbauprozess vorantreiben. Die Zersetzung von Geweben wird dabei durch den fortgesetzten enzymatischen Abbau beschleunigt, wobei Proteine und Lipide in Aminosäuren, Fettsäuren und andere Metaboliten zerlegt werden. Gleichzeitig tragen auch Insektenlarven, die aus den Eiern von Fliegen und anderen Insekten geschlüpft sind, zur Zersetzung bei. Diese Larven, oft als Maden bezeichnet, fressen sich durch die zersetzenden Gewebe und beschleunigen den Prozess, indem sie zusätzliche Enzyme und Mikroben in den Körper einbringen.

Insektenbesiedlung:

In dieser Phase spielen Insekten eine entscheidende Rolle bei der Zersetzung. Fliegen, insbesondere die gewöhnliche Stubenfliegenart, sind oft die ersten Insekten, die den toten Körper entdecken. Sie legen ihre Eier in die offenen Körperöffnungen oder in den zersetzten Geweben ab. Die geschlüpften Larven, die sich von den zersetzenden Geweben ernähren, beschleunigen den Zersetzungsprozess erheblich, indem sie die Gewebe mechanisch aufbrechen und den Zugang für andere Mikroben erleichtern. Diese Insektenbesiedlung ist nicht nur ein wichtiger Bestandteil des Zersetzungsprozesses, sondern auch ein wesentliches Element für die ökologische Umverteilung von Nährstoffen. Insekten tragen zur schnellen Umwandlung der organischen Materie in weniger komplexe Substanzen bei, die von der Umwelt leichter aufgenommen werden können. Diese Larven produzieren zusätzlich Enzyme, die den Abbau der Gewebe weiter beschleunigen, und erhöhen damit die Effizienz des gesamten Zersetzungsprozesses.

Flüssigkeitsabsonderung:

Während der Verfallsphase kommt es auch zu einem signifikanten Anstieg der Flüssigkeitsabsonderungen. Diese Flüssigkeiten, die durch die Zersetzung der Gewebe freigesetzt werden, sammeln sich oft in den Körperhöhlen und können die umliegende Erde oder Oberflächen durchdringen. Diese Flüssigkeiten bestehen aus einer Mischung von zersetzten organischen Materialien, Mikroben und anderen Abbauprodukten. Die Bewegung dieser Flüssigkeiten kann zu einer weiteren ökologischen Veränderung der Umgebung führen, indem sie den Nährstoffgehalt des Bodens beeinflussen und die Verbreitung von Mikroben und anderen Zersetzungsorganismen fördern. Der Weg der Flüssigkeiten durch den Boden kann auch die Umwelt um den toten Körper herum verändern, indem sie das Wachstum von Pflanzen beeinflussen oder die chemische Zusammensetzung des Erdreichs modifizieren. Diese Flüssigkeiten sind oft stark riechend und tragen zur weiteren Verschlechterung der Umgebung bei, indem sie zusätzliche Mikroben und Insekten anziehen, die den Zersetzungsprozess fortsetzen.

5.2.4. Die trockene Phase

Verbleibende Strukturen:

In der letzten Phase der Zersetzung, der trockenen Phase, sind die meisten organischen Materialien des Körpers weitgehend abgebaut. Was übrig bleibt, sind vor allem die widerstandsfähigeren Strukturen wie Knochen, Knorpel und Haare. Diese robusten Überreste haben sich als resistent gegenüber den intensiven Zersetzungsprozessen erwiesen, die die Weichteile bereits vollständig zerlegt haben. Die Knochen, die eine dichte mineralische Struktur besitzen, und die Knorpel, die ebenfalls relativ widerstandsfähig sind, bleiben als letzte sichtbare Überbleibsel erhalten. Diese Phase ist durch eine deutliche Verlangsamung der Zersetzungsrate gekennzeichnet, da die mikrobielle und enzymatische Aktivität stark abnimmt. Die verbleibenden Strukturen sind oft durch ein trockenes und stark zersetztes Aussehen gekennzeichnet, das die fortschreitende Zersetzung und den Verlust der organischen Substanz widerspiegelt.

Chemischer Abbau:

Auch die verbleibenden robusten Überreste, insbesondere die Knochen, sind nicht völlig immun gegen Abbauprozesse. Im Laufe der Zeit unterliegen sie weiteren chemischen und physikalischen Veränderungen, die ihren Zustand allmählich beeinflussen. Faktoren wie die Chemie des Bodens, die Feuchtigkeit und die Temperatur spielen eine wesentliche Rolle bei der Geschwindigkeit, mit der diese Überreste weiter abgebaut werden. Die Bodenchemie kann dabei die Art und Weise beeinflussen, wie Mineralien in den Knochen gelöst werden, und unterschiedliche Feuchtigkeitsgrade können die Rate des chemischen Abbaus erhöhen oder verringern. Hohe Feuchtigkeit kann die Knochen durch hydrolytische Prozesse weiter zersetzen, während trockenere Bedingungen die mineralischen Bestandteile stabilisieren können. Die Temperatur hat ebenfalls einen erheblichen Einfluss auf die chemische Zersetzung der Knochen, wobei höhere Temperaturen den Abbauprozess beschleunigen und niedrigere Temperaturen ihn verlangsamen können.

Ökologische Rolle:

Die endgültige Zersetzung der Überreste trägt wesentlich zur Freisetzung von Nährstoffen in den Boden bei. Diese Nährstoffe, die zuvor in den Körperstrukturen gespeichert waren, werden durch die fortschreitende Zersetzung in einfachere Verbindungen zerlegt und stehen nun der Umwelt zur Verfügung. Pflanzen können diese Nährstoffe aufnehmen und nutzen, was zur Regeneration des Bodens beiträgt und den Nährstoffkreislauf in der Umwelt unterstützt. Mikroorganismen, die sich weiterhin im Boden befinden, profitieren ebenfalls von diesen freigesetzten Nährstoffen und tragen zur weiteren Zersetzung von organischem Material bei. Die langsame Zersetzung der robusten Überreste schließt den natürlichen Kreislauf der Materie und Energie ab und spielt eine entscheidende Rolle im ökologischen Gleichgewicht. Dieser Prozess ist nicht nur wichtig für die Umwelt, sondern auch für das Verständnis der langfristigen Auswirkungen von Zersetzung auf die Bodenchemie und das Pflanzenwachstum.

Energie und Vergänglichkeit - Die Reise nach dem Tod

5.3. Einflussfaktoren auf die Zersetzung

Die Zersetzung eines Körpers ist ein hochkomplexer Prozess, dessen Verlauf und Geschwindigkeit durch eine Vielzahl von Umweltfaktoren stark beeinflusst werden können. Diese Faktoren spielen eine entscheidende Rolle, indem sie entweder die Bedingungen schaffen, unter denen die mikrobielle Aktivität gefördert wird, oder aber jene, die diese Prozesse hemmen. Eine detaillierte Betrachtung der Temperatur, Feuchtigkeit und der allgemeinen Umweltbedingungen ist unerlässlich, um das Ausmaß und die Geschwindigkeit der Zersetzung zu verstehen. Diese Faktoren wirken in einer komplexen Wechselwirkung, wobei jede einzelne Komponente den Zersetzungsprozess in eine andere Richtung lenken kann.

5.3.1. Temperatur

Die Temperatur ist einer der maßgeblichen Faktoren, die den Zersetzungsprozess beeinflussen können. Sie hat direkte Auswirkungen auf die Aktivität der Mikroben und die Geschwindigkeit, mit der enzymatische Prozesse ablaufen.

Kalte Temperaturen:

Wenn die Umgebungstemperaturen niedrig sind, verlangsamt sich die Zersetzung des Körpers erheblich. Dies liegt daran, dass sowohl die mikrobielle Aktivität als auch die enzymatischen Prozesse in einer kalten Umgebung deutlich träger verlaufen. Mikroorganismen, die für den Abbau des Gewebes verantwortlich sind, sind temperaturabhängig, und ihre Vermehrungsrate sinkt, wenn die Temperaturen fallen. Enzyme, die normalerweise beim Abbau von Proteinen, Fetten und Kohlenhydraten aktiv sind, verlieren in der Kälte an Effizienz, wodurch die chemischen

Reaktionen im Körper verlangsamt werden. In extremen Fällen, wie etwa bei Frost, kann die Zersetzung nahezu vollständig zum Stillstand kommen, was zu einer signifikanten Verzögerung des Verfallsprozesses führt. Diese Konservierungseffekte sind besonders in kalten Klimazonen oder während der Wintermonate zu beobachten, wo die Zersetzung erheblich verzögert wird und die äußeren Anzeichen der Zersetzung, wie etwa der Verfall des Gewebes und die Bildung von Gasen, stark vermindert auftreten.

Hohe Temperaturen:

Im Gegensatz dazu führen hohe Temperaturen zu einer erheblichen Beschleunigung des Zersetzungsprozesses. Wärme wirkt als Katalysator für die Enzymaktivität und fördert die Vermehrung von Mikroben, die für den Abbau des Körpers verantwortlich sind. Bei höheren Temperaturen arbeiten die Enzyme schneller und effizienter, was zu einer raschen Auflösung der Körpergewebe führt. Mikroorganismen, die in warmen Bedingungen gedeihen, vermehren sich exponentiell, und ihre Aktivität führt zu einer schnelleren Zersetzung des Körpers. Die Kombination aus hoher Temperatur und Feuchtigkeit kann den Prozess weiter beschleunigen, indem sie die Bedingungen für eine optimale mikrobielle Aktivität schafft. In tropischen oder subtropischen Klimazonen, wo die Temperaturen konstant hoch sind, kann die Zersetzung innerhalb weniger Tage erhebliche Fortschritte machen, wobei der Körper in einem deutlich schnelleren Tempo zerfällt als in kälteren Regionen.

5.3.2. Feuchtigkeit

Feuchtigkeit ist ein weiterer Schlüsselfaktor, der die Geschwindigkeit und Art der Zersetzung maßgeblich beeinflusst. Der Wassergehalt in der Umgebung kann die mikrobielle Aktivität entweder fördern oder hemmen, je nachdem, ob die Bedingungen feucht oder trocken sind.

Hohe Feuchtigkeit:

In Umgebungen mit hoher Luftfeuchtigkeit oder bei Anwesenheit von Wasser wird die Zersetzung erheblich beschleunigt. Feuchte Bedingungen schaffen ein ideales Umfeld für Mikroorganismen, die für den Abbau des Körpers verantwortlich sind. Die Anwesenheit von Wasser ist essentiell für die mikrobielle Aktivität, da Mikroben auf Feuchtigkeit angewiesen sind, um zu überleben und sich zu vermehren. Wasser erleichtert auch die Diffusion von Enzymen und Nährstoffen durch die Gewebe, wodurch die Zersetzung beschleunigt wird. Feuchte

Bedingungen fördern die Auflösung der Gewebe, da die Feuchtigkeit die Zellstrukturen aufweicht und den Zugang von Mikroorganismen zu den Nährstoffen erleichtert. In solchen Umgebungen kann der Zersetzungsprozess schnell voranschreiten, was zu einer raschen Verflüssigung der Gewebe und einem intensiveren Geruch führt, der durch die Freisetzung von gasförmigen Zersetzungsprodukten verursacht wird.

Trockene Bedingungen:

Im Gegensatz dazu verlangsamen trockene Bedingungen die Zersetzung erheblich. In Umgebungen mit geringer Luftfeuchtigkeit oder in ariden Gebieten wird die Zersetzung des Körpers durch den Mangel an Feuchtigkeit stark eingeschränkt. Mikroorganismen benötigen Wasser, um zu überleben und ihre enzymatischen Prozesse aufrechtzuerhalten, und bei unzureichender Feuchtigkeit können sie nicht effizient arbeiten. Dies führt dazu, dass die Gewebe austrocknen und sich eine Art natürliche Mumifizierung einstellt, bei der der Körper langsamer zerfällt. Die Austrocknung der Gewebe führt zu einer Hemmung der mikrobiellen Aktivität, da die Mikroben ohne ausreichende Feuchtigkeit nicht überleben können. In solchen trockenen Umgebungen kann der Zersetzungsprozess über Wochen, Monate oder sogar Jahre hinweg verzögert werden, wobei die äußeren Anzeichen der Zersetzung nur langsam fortschreiten und der Körper relativ gut erhalten bleibt.

5.3.3. Umweltbedingungen

Zusätzlich zu Temperatur und Feuchtigkeit spielen auch andere Umweltbedingungen eine entscheidende Rolle im Zersetzungsprozess. Die Beschaffenheit des Bodens und die Aktivität von Tieren können den Zersetzungsprozess auf unterschiedliche Weise beeinflussen.

Bodenart:

Der Boden, in dem ein Körper ruht, hat einen erheblichen Einfluss auf den Zersetzungsprozess. Unterschiedliche Bodentypen, wie sandiger, tonhaltiger oder kalkhaltiger Boden, beeinflussen die Art und Weise, wie der Körper zerfällt. Sandige Böden neigen dazu, Wasser schneller abzuleiten, was zu einer schnelleren Austrocknung des Körpers führen kann. Tonhaltige Böden hingegen behalten die Feuchtigkeit länger, was zu einer langsameren Zersetzung führen kann. Kalkhaltige Böden, die oft alkalisch sind, können die Zersetzung zusätzlich verlangsamen, indem sie die Aktivität von säureliebenden Mikroben hemmen. Die chemische Zusammensetzung des Bodens kann die mikrobiellen Gemeinschaften beeinflussen, die an der Zersetzung beteiligt sind, sowie die Geschwindigkeit, mit der der Körper zerfällt. Der pH-Wert des Bodens, der Präsenz von Mikroben und die Art der Nährstoffe im Boden spielen alle eine Rolle bei der Bestimmung der Zersetzungsrate.

Tieraktivität:

Die Anwesenheit und Aktivität von Tieren können ebenfalls eine signifikante Rolle im Zersetzungsprozess spielen. Tiere wie Insekten, Nagetiere und andere Aasfresser beschleunigen die Zersetzung, indem sie den Körper verzehren und dabei helfen, das Gewebe aufzubrechen. Insekten, insbesondere Fliegen, legen ihre Eier in die Körperöffnungen oder auf die Haut, und die daraus schlüpfenden Larven (Maden) ernähren sich von den verwesenden Geweben. Diese Aktivität beschleunigt die Zersetzung, da die Larven nicht nur das Gewebe mechanisch zersetzen, sondern auch Enzyme freisetzen, die die Zersetzung fördern. Größere Aasfresser wie Nagetiere oder Wildtiere tragen ebenfalls zur Zersetzung bei, indem sie Teile des Körpers fressen und so die Gewebe schneller zersetzen. Diese Tiere sind oft in der Lage, auch dickere Hautschichten zu durchdringen, was den Zersetzungsprozess beschleunigt und den Zugang für andere Mikroorganismen erleichtert. Die Aktivität von Tieren ist besonders in offenen Umgebungen bedeutend, wo der Körper leicht zugänglich ist und die Tiere ungestört fressen können.

5.4. Mikrobiologische Aspekte der Zersetzung

Die mikrobiologischen Aspekte der Zersetzung sind von zentraler Bedeutung für das umfassende Verständnis dieses komplexen und vielschichtigen Prozesses. Mikroorganismen, insbesondere verschiedene Bakterienarten, spielen eine wesentliche Rolle beim Abbau organischer Materialien und sind maßgeblich an der Produktion von Zersetzungsgasen und anderen chemischen Verbindungen beteiligt. Diese mikrobielle Aktivität ist entscheidend für die verschiedenen Phasen der Zersetzung und beeinflusst maßgeblich den gesamten Verlauf des Zersetzungsprozesses

5.4.1. Mikroben und Bakterien

Rolle von Bakterien:

Bakterien sind die Hauptakteure bei der Zersetzung von organischen Materialien und initiieren diesen Prozess unmittelbar nach dem Tod. Die Bakterienpopulation im Körper ist äußerst vielfältig und umfasst eine Vielzahl von Arten, die in unterschiedlichen Phasen der Zersetzung aktiv werden. Zu Beginn der Zersetzung, wenn noch Sauerstoff vorhanden ist, dominieren aerobe Bakterien, die auf Sauerstoff angewiesen sind, um ihre metabolischen Prozesse durchzuführen. Diese aeroben Bakterien beginnen den Abbau von organischen Materialien, indem sie die komplexen Moleküle in einfachere Verbindungen zerlegen. Sobald der Sauerstoffgehalt im Körper sinkt und die anaeroben Bedingungen überwiegen, übernehmen anaerobe Bakterien die Kontrolle. Diese Bakterien sind in der Lage, ohne Sauerstoff zu gedeihen und produzieren bei ihrem Stoffwechsel Gärgase wie Methan und Schwefelwasserstoff. Die Umstellung von aerober zu anaerober Zersetzung markiert einen entscheidenden Übergang im Abbauprozess. Diese bakterielle Aktivität löst eine biochemische Kaskade aus, die den Zerfall von Proteinen, Lipiden und Kohlenhydraten fördert und so zur umfassenden Zersetzung des Körpers beiträgt. Diese Bakterien produzieren eine Vielzahl von Enzymen, darunter Proteasen, Lipasen und Nukleasen, die spezifisch auf verschiedene Bestandteile der Zellstruktur abzielen und den Abbau beschleunigen.

Einfluss der Mikroben:

Mikroben, die aus verschiedenen Quellen stammen, tragen erheblich zur Zersetzung bei. Zu den primären Mikroben, die am Zersetzungsprozess beteiligt sind, gehören die Bakterien, die natürlicherweise im Verdauungstrakt des Körpers vorhanden sind. Diese Bakterien beginnen unmittelbar nach dem Tod mit dem Abbau der Darmwände und breiten sich schnell in die umliegenden Gewebe aus. Neben den Darmbakterien spielen auch Mikroben, die sich auf der Haut und in der Umgebung befinden, eine wichtige Rolle. Hautmikroben und Umweltmikroben dringen durch Körperöffnungen wie Mund, Nase und Wunden oder Hautläsionen in den Körper ein und unterstützen den Abbauprozess weiter. Diese Mikroben produzieren eine Reihe von Enzymen, die die chemischen Bindungen in den organischen Substanzen aufbrechen. Dies führt zur Bildung von Zersetzungsprodukten wie Ammoniak, Schwefelverbindungen und organischen Säuren. Diese Verbindungen sind nicht nur für den charakteristischen Verwesungsgeruch verantwortlich, sondern auch für den weiteren chemischen und mikrobakteriellen Abbau von Geweben. Die mikrobielle Zersetzung ist ein dynamischer Prozess, der kontinuierlich neue Mikroben anzieht und ihre Aktivität über die Zeit beeinflusst.

Mikrobielle Interaktionen:

Während der Zersetzung interagieren verschiedene Mikroben Arten miteinander und beeinflussen sich gegenseitig. Diese Wechselwirkungen können sowohl synergistische als auch antagonistische Effekte haben, die die Gesamtgeschwindigkeit und das Muster der Zersetzung beeinflussen. Synergistische Interaktionen treten auf, wenn verschiedene Mikroben Arten zusammenarbeiten, um einen gemeinsamen Stoffwechselprozess zu optimieren, während antagonistische Effekte auftreten können, wenn eine Mikroben Art die Aktivität einer anderen hemmt. Diese komplexen Wechselwirkungen tragen dazu bei, dass der Zersetzungsprozess auf unterschiedliche Weise abläuft und in verschiedenen Umgebungen variieren kann.

Faktoren, die die mikrobielle Zersetzung beeinflussen:

Die Aktivität der Mikroben wird durch eine Vielzahl von Faktoren beeinflusst, darunter Temperatur, Feuchtigkeit und pH-Wert. Hohe Temperaturen fördern das Wachstum und die Aktivität von Mikroben, während niedrige Temperaturen diesen Prozess verlangsamen. Feuchtigkeit ist ein weiterer entscheidender Faktor, da sie das Überleben und die Vermehrung von Mikroben unterstützt. Ein ausgeglichener pH-Wert ist ebenfalls wichtig, da extreme pH-Werte die mikrobielle Aktivität hemmen können.

5.4.2. Mikrobiome und Zersetzung

Mikrobiome im Körper:

Das Mikrobiom eines Körpers, welches die Gesamtheit aller Mikroorganismen beschreibt, die in und auf dem Körper leben, hat einen tiefgreifenden Einfluss auf den Zersetzungsprozess. Jeder Mensch besitzt ein einzigartiges Mikrobiom, das durch eine Vielzahl von Faktoren geprägt wird, darunter individuelle Lebensgewohnheiten, Ernährung, Gesundheitszustand und Umweltbedingungen. Diese mikrobiellen Gemeinschaften sind entscheidend dafür, wie schnell und auf welche Weise der Körper nach dem Tod abgebaut wird. Unterschiedliche Mikroben Arten bringen unterschiedliche Enzyme und Stoffwechselwege mit, die sich gezielt auf verschiedene Bestandteile des Körpers konzentrieren. Zum Beispiel spielen bestimmte Bakterienarten eine zentrale Rolle beim Abbau von Proteinen, indem sie spezielle Proteasen produzieren, die große Proteinkomplexe in kleinere Peptide und Aminosäuren zerlegen. Andere Bakterienarten sind auf den Abbau von Lipiden spezialisiert und setzen Lipasen ein, um Fette in Fettsäuren und Glycerin zu zerlegen. Wiederum andere Mikroben konzentrieren sich auf Kohlenhydrate und nutzen Enzyme wie Amylasen zur Zersetzung dieser Verbindungen. Die Interaktion und Koordination dieser verschiedenen mikrobiellen Aktivitäten beeinflussen entscheidend die Geschwindigkeit und die Art der Zersetzung. Das Mikrobiom ist daher nicht nur ein passiver Akteur, sondern ein aktiver Teilnehmer am gesamten Zersetzungsprozess, der durch seine Zusammensetzung und Aktivität den Verlauf der Zersetzung erheblich beeinflusst.

Wechselwirkungen:

Die Wechselwirkungen zwischen den verschiedenen Mikroben Arten sind von zentraler Bedeutung für den Zersetzungsprozess. Mikroben arbeiten häufig synergistisch, wobei die Stoffwechselprodukte einer

Mikroben Art als Substrate für andere Mikroben dienen. Dieses komplexe Netzwerk von Interaktionen sorgt für eine koordinierte Zersetzung und bestimmt maßgeblich die Enzymaktivitäten, die für den Abbau organischer Substanzen notwendig sind. Zum Beispiel können die flüchtigen Verbindungen, die von aeroben Bakterien während der frühen Zersetzungsphase produziert werden, den pH-Wert und andere Bedingungen so verändern, dass sie ein günstiges Umfeld für anaerobe Bakterien schaffen. Diese anaeroben Mikroben übernehmen dann die Zersetzung in späteren Phasen und tragen zur Bildung von Gärgasen wie Methan und Schwefelwasserstoff bei. Die effiziente Zusammenarbeit der Mikroben Arten ist entscheidend für die erfolgreiche Zersetzung, da die Stoffwechselprodukte einer Art oft die Voraussetzungen für das Wachstum und die Aktivität anderer Mikroben schaffen. Diese Wechselwirkungen sind ein Beispiel für das dynamische Gleichgewicht, das im Mikrobiom herrscht und das die verschiedenen Phasen der Zersetzung beeinflusst. Die Aktivität von Mikroben wird nicht nur durch die enzymatische Kapazität der einzelnen Arten bestimmt, sondern auch durch die Umweltbedingungen, die den Mikrobiomen zur Verfügung stehen.

Einfluss von Umweltfaktoren:

Die Bedingungen im Mikrobiom werden durch eine Vielzahl von Umweltfaktoren beeinflusst, die die mikrobiellen Aktivitäten und damit die Zersetzungsgeschwindigkeit beeinflussen können. Faktoren wie Temperatur, Feuchtigkeit und pH-Wert sind entscheidend für das Wachstum und die Aktivität der Mikroben. Hohe Temperaturen können die mikrobielle Aktivität und damit die Zersetzungsgeschwindigkeit beschleunigen, während niedrige Temperaturen diesen Prozess verlangsamen können. Ebenso spielt die Feuchtigkeit eine wichtige Rolle, da Mikroben für ihr Wachstum und ihre Vermehrung Wasser benötigen. Ein optimales Feuchtigkeitsniveau unterstützt die mikrobielle Aktivität und fördert die Zersetzung, während ein zu trockenes oder zu feuchtes Milieu den Prozess hemmen kann. Der pH-Wert beeinflusst die Enzymaktivität der Mikroben, wobei extreme pH-Werte die enzymatischen Prozesse stören und die mikrobielle Zersetzung beeinträchtigen können. Diese Faktoren wirken zusammen, um das Mikrobiom zu formen und seine Fähigkeit zur Zersetzung zu bestimmen.

Zusammenfassung:

Der Zersetzungsprozess ist ein komplexer, dynamischer Ablauf, der unmittelbar nach dem Tod beginnt und durch ein Zusammenspiel von biologischen, chemischen und mikrobiologischen Faktoren gekennzeichnet ist. Die frühesten Phasen der Zersetzung beinhalten die Autolyse und die mikrobielle Aktivität, gefolgt von einer intensiven Gasproduktion und Gewebeauflösung in der aufblähenden Phase. In der Verfallsphase werden die meisten Weichteile abgebaut, und es verbleiben hauptsächlich die robusteren Strukturen wie Knochen. Die verschiedenen Umweltfaktoren, einschließlich Temperatur, Feuchtigkeit und Bodenbeschaffenheit, spielen eine entscheidende Rolle bei der Beeinflussung der Zersetzungsgeschwindigkeit und -art. Das Mikrobiom, bestehend aus einer Vielzahl von Mikroben, einschließlich Bakterien, ist dabei ein zentraler Faktor, der die Zersetzung beeinflusst und steuert. Die Wechselwirkungen zwischen den Mikroben Arten und ihre Anpassung an die Umweltbedingungen bestimmen maßgeblich den Verlauf und die Effizienz der Zersetzung. Ein umfassendes Verständnis dieser Prozesse ist für die forensische Wissenschaft und die ökologische Forschung von großer Bedeutung, da es Einblicke in die postmortalen Veränderungen und deren Auswirkungen auf den Zersetzungsprozess ermöglicht.

Energie und Vergänglichkeit - Die Reise nach dem Tod

Kapitel 6:
Langfristige Energieumwandlungen

Nach dem Eintritt des Todes und dem Beginn der Zersetzung beginnt ein langwieriger und komplexer Prozess der Energieumwandlung, der weit über die unmittelbaren Veränderungen des Körpers hinausgeht. Diese langfristigen Energieumwandlungen sind von entscheidender Bedeutung für das Verständnis des endlichen Kreislaufs von Materie und Energie in der Natur. Der Körper durchläuft nach dem Tod verschiedene Phasen, in denen die in den organischen Substanzen gespeicherte Energie in andere Formen umgewandelt wird, und diese Energie wird dann in das ökologische System integriert. Dieser Prozess umfasst mehrere Stufen, beginnend mit der Zersetzung der organischen Moleküle und dem Abbau der Körpermaße und endend mit der endgültigen Rückführung der Energie und der Nährstoffe in den Boden, wo sie erneut von Pflanzen und anderen Organismen aufgenommen werden können. Durch diese kontinuierlichen Umwandlungen wird die Energie letztendlich wieder Teil des ökologischen Kreislaufs, der die Grundlage für das Leben auf der Erde bildet.

6.1. Energieumwandlungen nach der Zersetzung

6.1.1. Umwandlung von organischen Molekülen

Zersetzung der organischen Substanzen:

Nach dem Tod eines Organismus beginnt ein hochkomplexer und vielschichtiger Prozess der Zersetzung, der vor allem durch die Aktivität von Mikroben, wie Bakterien und Pilzen, sowie durch enzymatische Prozesse getrieben wird. Die großen, komplexen organischen Moleküle, aus denen der Körper besteht, darunter Proteine, Lipide und Kohlenhydrate, werden in einer Reihe von Schritten abgebaut. Dies beginnt unmittelbar nach dem Tod, wenn die Zellen aufhören, ihre Stoffwechselvorgänge aufrechtzuerhalten. Der Abbau dieser Moleküle erfolgt durch eine Vielzahl von mikrobiellen und enzymatischen Aktivitäten.

Proteine, die zu den grundlegendsten Baustoffen des Körpers gehören, durchlaufen einen Prozess, der als Proteolyse bezeichnet wird. Hierbei werden Proteine in ihre kleineren Bausteine, die Aminosäuren, zerlegt. Dieser Prozess ist entscheidend für die weitere Zersetzung, da Aminosäuren für viele Mikroben leichter nutzbar sind. Diese

Aminosäuren werden von verschiedenen Mikroben weiterverarbeitet, die sie in ihre Einzelbestandteile zerlegen oder sie in ihre eigenen Stoffwechselwege einbeziehen.

Lipide, die hauptsächlich als Energiespeicher im Körper dienen, werden durch die Wirkung von Lipasen, Enzymen, die speziell für den Abbau von Fetten verantwortlich sind, in Glycerin und Fettsäuren gespalten. Diese Fettsäuren können dann von Mikroben zur Energiegewinnung genutzt oder in noch kleinere Moleküle zerlegt werden, die ebenfalls von anderen Organismen verwendet werden können. Der Abbau von Lipiden ist besonders wichtig, da er zur Energieversorgung der Mikroben beiträgt, die die Zersetzung vorantreiben.

Kohlenhydrate, die in Form von Polysacchariden wie Glykogen und Zellulose vorliegen, werden durch Enzyme wie Amylasen und Zellulasen in einfachere Zucker wie Glukose zerlegt. Diese Zucker werden dann von Mikroben schnell metabolisiert, was zu einer weiteren Umwandlung der Energie führt. Die Umwandlung der Kohlenhydrate in Glukose ist ein schneller Prozess, der den Mikroben sofort verfügbare Energie liefert.

Abbauprodukte:

Die Abbauprodukte, die während des Zersetzungsprozesses entstehen, sind meist wasserlöslich und können daher leicht von Mikroorganismen, Pilzen und anderen Bodenlebewesen aufgenommen werden. Diese Produkte, darunter Aminosäuren, einfache Zucker und Fettsäuren, enthalten eine hohe Menge an Energie, die für die Mikroben von großer Bedeutung ist. Diese Organismen nutzen die freigesetzte Energie, um ihre eigenen biologischen Prozesse zu unterstützen und um zu wachsen, was zu einer kontinuierlichen Umwandlung der Energie führt.

Pilze und Bakterien spielen eine entscheidende Rolle in diesem Prozess, da sie den Abbau des organischen Materials übernehmen und die darin enthaltenen Nährstoffe wieder verfügbar machen. Durch die Zersetzung des organischen Materials werden Nährstoffe in den Boden freigesetzt, wodurch die Bodenfruchtbarkeit erhalten bleibt. Diese Nährstoffe werden dann von Pflanzen aufgenommen, die sie für ihr Wachstum benötigen. Auf diese Weise wird die Energie aus den Abbauprodukten in den biologischen Kreislauf zurückgeführt, und der natürliche Kreislauf von Materie und Energie wird geschlossen.

Zusammengefasst sind die langfristigen Energieumwandlungen nach dem Tod ein komplexer und wesentlicher Prozess, der die Umwandlung organischer Substanzen in einfachere Moleküle und deren Integration in das ökologische System umfasst. Diese Prozesse sind entscheidend für das Verständnis der ökologischen Kreisläufe und für die Aufrechterhaltung der Bodenfruchtbarkeit, die für das Wachstum von Pflanzen und die Unterstützung des Lebens auf der Erde unerlässlich sind. Ein umfassendes Verständnis dieser Energieumwandlungen trägt zum Wissen über ökologische Prozesse und den Kreislauf von Materie und Energie in der Natur bei.

6.1.2. Mineralisierung

Verwandlung in Mineralien:

Ein besonders bedeutsamer Aspekt der langfristigen Energieumwandlungen nach dem Tod eines Organismus ist der Prozess der Mineralisierung. Mineralisierung bezieht sich auf die Umwandlung organischer Substanzen in mineralische Bestandteile, die stabiler sind und langfristig im Boden verbleiben können. Dieser Prozess ist entscheidend für den ökologischen Kreislauf, da er die Rückführung von Nährstoffen in den Boden ermöglicht, wo sie von Pflanzen wieder aufgenommen werden können. Die Mineralisierung erfolgt durch eine Kombination aus mikrobiellen Aktivitäten und chemischen Prozessen, die gemeinsam dazu beitragen, organische Materialien in anorganische Minerale zu transformieren. Zu diesen mineralischen Bestandteilen gehören Phosphate, Carbonate, Sulfate und verschiedene andere Mineralien, die für das ökologische Gleichgewicht von großer Bedeutung sind.

Während des Mineralisierungsprozesses werden beispielsweise organische Phosphate, die in den verbleibenden Geweben und Körperflüssigkeiten vorhanden sind, durch mikrobiellen Abbau und chemische Reaktionen in anorganische Phosphate umgewandelt. Diese anorganischen Phosphate sind essenziell für das Pflanzenwachstum, da sie ein wichtiger Bestandteil des pflanzlichen Nährstoffhaushalts sind. Die Umwandlung von organischen Phosphaten in anorganische Phosphate sorgt dafür, dass diese Nährstoffe für Pflanzen verfügbar gemacht werden, was für die Aufrechterhaltung der Bodenfruchtbarkeit und das Wachstum neuer Pflanzen entscheidend ist.

Ein weiterer wichtiger Prozess innerhalb der Mineralisierung ist die Umwandlung organischer Stickstoffverbindungen durch Nitrifikation und Denitrifikation in anorganische Formen wie Nitrate und Nitrite. Diese Prozesse werden von spezialisierten Mikroben durchgeführt, die in der Lage sind, Stickstoffverbindungen aus dem organischen Material abzubauen und in eine Form zu überführen, die von Pflanzen genutzt werden kann. Nitrate und Nitrite spielen eine entscheidende Rolle im Stickstoffkreislauf und sind unverzichtbar für die Synthese von Aminosäuren und anderen biologischen Molekülen in Pflanzen.

Bodenbildung:

Die durch Mineralisierung entstehenden mineralischen Bestandteile tragen wesentlich zur Bodenbildung bei. Die Bildung und Verfügbarkeit von Mineralien im Boden sind entscheidend für die Nährstoffversorgung von Pflanzen und damit für die Fruchtbarkeit des Bodens. Die Mineralisierung liefert eine kontinuierliche Quelle von Nährstoffen, die von Pflanzen durch ihre Wurzeln aufgenommen werden können. Dieser Prozess schließt den Kreislauf des Nährstoffflusses, da die Nährstoffe, die durch die Zersetzung und Mineralisierung bereitgestellt werden, direkt von den Pflanzen genutzt werden, um neues Wachstum und Entwicklung zu fördern.

Die mineralischen Bestandteile, die durch den Zersetzungsprozess im Boden verbleiben, beeinflussen nicht nur die Nährstoffverfügbarkeit, sondern auch die physikalischen Eigenschaften des Bodens. Mineralien tragen zur Aggregatbildung bei, was bedeutet, dass sich kleinere Bodenpartikel zu größeren Aggregaten verbinden, die die Bodenstruktur verbessern. Eine gute Bodenstruktur ist wichtig, weil sie die Wasserhaltefähigkeit erhöht, was wiederum die Fähigkeit des Bodens verbessert, Wasser zu speichern und es den Pflanzen über längere Zeiträume hinweg verfügbar zu machen. Diese Verbesserung der Bodenstruktur ist besonders wichtig für die landwirtschaftliche Produktivität und die Erhaltung natürlicher Ökosysteme, da sie die Qualität des Bodens für den Pflanzenanbau und die ökologische Stabilität fördert.

Zusätzlich beeinflussen die durch Mineralisierung entstandenen Minerale auch die chemischen Eigenschaften des Bodens, wie den pH-Wert, der für die Verfügbarkeit von Nährstoffen für Pflanzen von großer Bedeutung ist. Ein gut ausbalancierter pH-Wert sorgt dafür, dass Nährstoffe in Formen vorliegen, die für Pflanzen leicht verfügbar sind. Dies trägt zur langfristigen Fruchtbarkeit und Stabilität des Bodens bei, was wiederum die Grundlage für nachhaltige landwirtschaftliche Praktiken und die Erhaltung von natürlichen Ökosystemen bildet.

Zusammenfassung:

Zusammengefasst stellt der Prozess der Mineralisierung eine wesentliche Phase der langfristigen Energieumwandlungen nach dem Tod dar. Durch die Umwandlung organischer Substanzen in stabile mineralische

Bestandteile wird die im Körper gespeicherte Energie in eine Form überführt, die für andere Organismen zugänglich ist. Dieser Prozess ist ein zentraler Bestandteil des natürlichen Kreislaufs von Energie und Materie, der sicherstellt, dass die Energie, die einmal in einem Lebewesen gespeichert war, nicht verloren geht, sondern in die Biosphäre zurückkehrt und neue Lebensprozesse unterstützt. Die Mineralisierung trägt zur Aufrechterhaltung der Bodenfruchtbarkeit und der ökologischen Balance bei, indem sie Nährstoffe bereitstellt, die für das Wachstum von Pflanzen und die Funktion von Ökosystemen unerlässlich sind.

6.2. Der Einfluss auf das ökologische System

6.2.1. Nährstoffkreisläufe

Kohlenstoffkreislauf:

Der Kohlenstoffkreislauf ist ein fundamentaler Bestandteil der globalen Ökologie und beschreibt den kontinuierlichen Austausch von Kohlenstoffverbindungen zwischen Atmosphäre, Biosphäre und Lithosphäre. Dieser Kreislauf beginnt mit der Zersetzung von organischem Material, bei der komplexe Kohlenstoffverbindungen freigesetzt werden. Nach dem Tod eines Organismus und dem Beginn der Zersetzung werden Kohlenstoffverbindungen in Form von Kohlendioxid (CO_2) in die Atmosphäre abgegeben. Kohlendioxid entsteht hauptsächlich durch die Atmung von Zersetzerorganismen sowie durch die mikrobielle und chemische Zersetzung von organischem Material.

Dieses Kohlendioxid wird von Pflanzen durch den Prozess der Photosynthese aufgenommen. Pflanzen nutzen Lichtenergie, um Kohlendioxid mit Wasser zu kombinieren und daraus organische Verbindungen wie Glucose zu synthetisieren. Diese Biomasse stellt die Grundlage der Nahrungskette dar, da Pflanzen von Tieren konsumiert werden. Die organischen Verbindungen in der Biomasse werden wiederum von Tieren und Mikroorganismen verzehrt und durch deren Verdauungsprozesse in kleinere Moleküle zerlegt. Durch diesen zyklischen Prozess gelangen Kohlenstoffverbindungen zurück in den Boden, wo sie entweder in die Atmosphäre freigesetzt oder in den Boden als organische Substanzen eingelagert werden. Die Rückführung von Kohlenstoff in den Boden geschieht auch durch die Abgabe von Kohlenstoffverbindungen bei der Zersetzung von Pflanzenmaterial und tierischen Überresten.

Die ständige Zersetzung und der damit verbundene Kohlenstoffaustausch tragen dazu bei, das Kohlenstoffgleichgewicht in der Atmosphäre und im Boden aufrechtzuerhalten. Dieses Gleichgewicht ist von entscheidender Bedeutung für die globale Kohlenstoffbilanz und hat weitreichende Auswirkungen auf das Klima und das ökologische Gleichgewicht. Eine Störung dieses Kreislaufs, wie sie beispielsweise durch Abholzung oder intensive Landwirtschaft verursacht werden kann, kann zu einer Erhöhung der Kohlendioxidkonzentration in der Atmosphäre führen, was wiederum den Klimawandel beschleunigen kann.

Stickstoffkreislauf:

Der Stickstoffkreislauf ist ein weiterer essenzieller Bestandteil des ökologischen Systems und beschreibt die Umwandlung und den Austausch von Stickstoffverbindungen zwischen der Atmosphäre, der Biosphäre und dem Boden. Stickstoff ist ein wichtiges Element für das Pflanzenwachstum, da es ein Bestandteil von Aminosäuren, Proteinen und Nukleinsäuren ist. Der Stickstoffkreislauf beginnt mit der Zersetzung von organischem Material, bei der Stickstoffverbindungen wie Proteine und Aminosäuren in einfachere Formen wie Ammoniak (NH_3) umgewandelt werden.

Dieser Prozess wird durch mikrobiellen Abbau, insbesondere durch den Einsatz von Ammonifikationsbakterien, eingeleitet. Ammoniak kann dann durch Nitrifikation, einen mikrobiellen Prozess, in Nitrit (NO_2^-) und schließlich in Nitrat (NO_3^-) umgewandelt werden. Nitrat ist eine Form von Stickstoff, die von Pflanzen leicht aufgenommen werden kann. Pflanzen nutzen dieses Nitrat für die Synthese von Proteinen und anderen wichtigen Biomolekülen.

Nach der Nutzung durch Pflanzen kann Stickstoff wieder in den Boden zurückgeführt werden, wenn Pflanzenmaterial und tierische Exkremente zersetzt werden. Die Rückkehr von Stickstoffverbindungen in den Boden erfolgt durch den Abbau von Pflanzenresten und tierischen Überresten, die Stickstoffverbindungen enthalten. Die Mineralisierung von Stickstoffverbindungen sorgt dafür, dass der Boden kontinuierlich mit stickstoffhaltigen Nährstoffen versorgt wird, die für das Pflanzenwachstum erforderlich sind. Zusätzlich erfolgt eine Denitrifikation, bei der überschüssiges Nitrat durch spezielle Bakterienarten in Stickstoffgas (N_2) umgewandelt und zurück in die Atmosphäre freigesetzt wird.

Dieser zyklische Prozess stellt sicher, dass Stickstoffverbindungen kontinuierlich im Boden und in der Atmosphäre zirkulieren und somit das Ökosystem mit den notwendigen Nährstoffen versorgt wird. Eine Störung des Stickstoffkreislaufs, wie sie durch übermäßige Düngung oder Umweltverschmutzung verursacht werden kann, kann zu einem Ungleichgewicht führen, das die Bodenfruchtbarkeit beeinträchtigt und das ökologische Gleichgewicht stören kann.

6.2.2. Energieflüsse in Ökosystemen

Energieübertragung:

Die Zersetzung von organischem Material ist nicht nur ein Prozess der Nährstofffreisetzung, sondern auch ein wichtiger Bestandteil der Energieflüsse innerhalb eines Ökosystems. Die bei der Zersetzung freigesetzte Energie wird durch Zersetzerorganismen wie Insekten, Würmer und andere Bodenlebewesen aufgenommen und in das ökologische System integriert. Diese detritivoren Tiere ernähren sich von den zersetzten organischen Materialien und nutzen die darin enthaltene Energie für ihren eigenen Stoffwechsel. Durch den Verdauungsprozess und die Assimilation dieser Energie wird sie in die Nahrungskette weitergeleitet.

Die Energie, die durch detritivore Tiere aufgenommen wird, wird an höhere trophische Ebenen weitergegeben. Diese Energieübertragung erfolgt, wenn die Zersetzerorganismen selbst von größeren Tieren wie Vögeln oder Säugetieren konsumiert werden. Diese größeren Tiere, die auf die Zersetzer angewiesen sind, nehmen die Energie auf und integrieren sie in ihre eigenen biologischen Prozesse. Dieser kontinuierliche Energiefluss sorgt dafür, dass die Energie innerhalb des Ökosystems zirkuliert und auf die verschiedenen trophischen Ebenen verteilt wird.

Die Aufrechterhaltung dieser Energieflüsse ist entscheidend für die Stabilität und das Funktionieren von Ökosystemen. Sie gewährleisten, dass die Energie, die von der Sonne durch die Photosynthese in Biomasse umgewandelt wird, durch die verschiedenen trophischen Ebenen des Ökosystems zirkuliert und von unterschiedlichen Organismen genutzt wird. Diese Prozesse tragen zur biologischen Vielfalt und zum ökologischen Gleichgewicht bei, indem sie sicherstellen, dass Energie nicht verloren geht, sondern effektiv innerhalb des Systems genutzt und weitergegeben wird.

Ökologische Bedeutung:

Die kontinuierliche Umwandlung und Rückführung von Energie und Nährstoffen in das Ökosystem sind von grundlegender Bedeutung für die Aufrechterhaltung der biologischen Vielfalt und die Stabilität der Ökosysteme. Diese Prozesse gewährleisten, dass die Ressourcen im ökologischen System nicht verloren gehen, sondern immer wieder dem Kreislauf zugeführt werden. Die Stabilität und Resilienz eines Ökosystems hängen maßgeblich von der Effizienz dieser Nährstoff- und Energieflüsse ab. Ein gut funktionierendes System kann Veränderungen und Störungen besser bewältigen, was zu einer höheren ökologischen Stabilität führt.

Die kontinuierliche Zersetzung von organischem Material und die damit verbundene Energie- und Nährstoffrückführung sind entscheidend für die Fruchtbarkeit des Bodens und die Produktivität von Pflanzen. Dies hat direkte Auswirkungen auf die Lebensräume und die Verfügbarkeit von Ressourcen für eine Vielzahl von Organismen. Indem die Nährstoffe und Energie im Ökosystem zirkulieren, wird die Grundlage für eine Vielzahl von Lebensformen geschaffen und die langfristige Erhaltung der biologischen Vielfalt unterstützt.

Zusammengefasst tragen die Zersetzungsprozesse und die Energieflüsse innerhalb eines Ökosystems entscheidend zur Aufrechterhaltung des ökologischen Gleichgewichts und der biologischen Vielfalt bei. Durch die Rückführung von Energie und Nährstoffen wird sichergestellt, dass diese Ressourcen kontinuierlich genutzt und recycelt werden, was die Stabilität und Resilienz von Ökosystemen unterstützt.

6.3. Langfristige Auswirkungen auf den Boden

6.3.1. Bodenverbesserung

Nährstoffanreicherung:

Die Zersetzung und Mineralisierung von organischem Material sind Prozesse, die entscheidend zur Anreicherung des Bodens mit essenziellen Nährstoffen beitragen. Nach dem Tod eines Organismus und der darauffolgenden Zersetzung werden die in den organischen Materialien enthaltenen Nährstoffe, wie Kohlenstoff, Stickstoff, Phosphor und andere Mineralien, in ihre anorganischen Formen umgewandelt. Dieser Prozess ermöglicht es den Nährstoffen, in eine Form überzugehen, die für Pflanzen leichter verfügbar ist. Der Abbau von organischem Material durch Mikroben und andere Zersetzer führt zur Freisetzung von Nährstoffen in den Boden, wo sie von Pflanzen aufgenommen und genutzt werden können.

Durch diese kontinuierliche Anreicherung des Bodens mit Nährstoffen wird die Bodenfruchtbarkeit erheblich verbessert. Die erhöhte Verfügbarkeit von Nährstoffen fördert das Wachstum und die Entwicklung von Pflanzen, die dann wiederum als Nahrungsquelle für andere Organismen wie Tiere und Mikroben dienen. Eine gesunde Pflanzendecke ist nicht nur für die Nahrungskette von Bedeutung, sondern trägt auch zur Stabilität und Gesundheit des gesamten Ökosystems bei. Pflanzen spielen eine zentrale Rolle im Ökosystem, indem sie Energie und Nährstoffe durch die Nahrungskette weitergeben und zur Aufrechterhaltung des ökologischen Gleichgewichts beitragen.

Ein gut durchlüfteter und nährstoffreicher Boden unterstützt auch die Entwicklung von Mikroorganismen und Insekten, die für den weiteren Abbau organischer Substanzen und die Förderung der

Bodenfruchtbarkeit unerlässlich sind. Diese Mikroben und Insekten tragen zur weiteren Zersetzung und Umwandlung von organischem Material bei und stellen so sicher, dass der Boden kontinuierlich mit wichtigen Nährstoffen versorgt wird. Diese Prozesse tragen dazu bei, dass die langfristige Fruchtbarkeit des Bodens gewährleistet ist und dass die natürlichen Ressourcen des Ökosystems nachhaltig genutzt werden.

Bodenstruktur:

Neben der Nährstoffanreicherung hat die Zersetzung von organischem Material auch einen signifikanten Einfluss auf die Struktur des Bodens. Der Prozess der Zersetzung führt zur Bildung von Humus, einer stabilen organischen Substanz, die eine entscheidende Rolle bei der Verbesserung der Bodenstruktur spielt. Humus entsteht durch die mikrobiellen Aktivitäten und den chemischen Abbau von organischem Material und zeichnet sich durch seine Fähigkeit aus, Wasser und Nährstoffe zu speichern.

Die Anwesenheit von Humus erhöht die Wasserhaltefähigkeit des Bodens erheblich. Dies bedeutet, dass der Boden besser in der Lage ist, Wasser zu speichern und es den Pflanzen über längere Zeiträume hinweg zur Verfügung zu stellen. Diese Fähigkeit ist besonders wichtig in Regionen mit unregelmäßigen Niederschlägen oder während Trockenperioden. Zudem verbessert Humus die Durchlüftung und Drainage des Bodens, wodurch das Wurzelwachstum von Pflanzen gefördert wird und die Gefahr von Staunässe und Wurzelfäule reduziert wird.

Durch die Verbesserung der Bodenstruktur trägt Humus auch zur Verringerung der Bodenerosion bei. Ein stabiler Boden, der reich an Humus ist, hat eine höhere Kohäsion und weniger Neigung zur Erosion durch Wind oder Wasser. Dies schützt nicht nur die oberste Bodenschicht, die für das Pflanzenwachstum entscheidend ist, sondern trägt auch zur Vermeidung von Verlusten an fruchtbarem Boden bei.

Zusätzlich zur Verbesserung der Bodenstruktur trägt Humus zur langfristigen Speicherung von Kohlenstoff im Boden bei. Die Speicherung von Kohlenstoff in Form von Humus hilft dabei, die Konzentration von Treibhausgasen in der Atmosphäre zu reduzieren und somit den Klimawandel abzumildern. Diese langfristige Kohlenstoffspeicherung ist ein wesentlicher Bestandteil der globalen Kohlenstoffbilanz und trägt zur Regulierung des Klimas bei.

6.3.2. Bodenchemische Veränderungen

PH-Wert-Veränderungen:

Die Zersetzung von organischem Material kann zu signifikanten Veränderungen im pH-Wert des Bodens führen. Der pH-Wert des Bodens ist ein wichtiger Faktor für die Verfügbarkeit von Nährstoffen für Pflanzen. Säurebildende Prozesse, wie die Zersetzung von organischen Säuren, können den pH-Wert des Bodens senken und zu einer Versauerung führen. Dies kann die Verfügbarkeit von bestimmten Nährstoffen wie Phosphor und Mikronährstoffen verringern, da diese in sauren Böden oft weniger verfügbar sind.

Auf der anderen Seite können basische Prozesse, wie die Zersetzung von proteinhaltigen Materialien, zu einer Erhöhung des pH-Werts führen. Diese basischen Bedingungen können die Verfügbarkeit von anderen Nährstoffen verbessern und den Boden weniger sauer machen. Die Veränderung des pH-Werts hat somit direkte Auswirkungen auf die Nährstoffverfügbarkeit und beeinflusst die allgemeine Bodenfruchtbarkeit. Ein ausgewogener pH-Wert ist entscheidend für das gesunde Wachstum von Pflanzen und die effektive Nutzung von Nährstoffen im Boden.

Spurenelemente und Mineralien:

Die Mineralisierung von organischem Material führt zur Freisetzung verschiedener Spurenelemente und Mineralien, die für das Pflanzenwachstum und die Bodenfruchtbarkeit von großer Bedeutung sind. Spurenelemente wie Eisen, Mangan, Zink und Kupfer sind in geringen Mengen essentiell für verschiedene physiologische Prozesse in Pflanzen. Diese Elemente werden durch den Zersetzungsprozess freigesetzt und stehen den Pflanzen zur Verfügung, um ihre enzymatischen Aktivitäten zu unterstützen und Chlorophyll zu synthetisieren.

Die Verfügbarkeit dieser Spurenelemente im Boden ist entscheidend für die Gesundheit der Pflanzen. Ein Mangel an bestimmten Spurenelementen kann zu Mangelerscheinungen führen und das Wachstum und die Entwicklung der Pflanzen beeinträchtigen. Durch die langfristige Zersetzung und Mineralisierung wird sichergestellt, dass diese wichtigen Elemente kontinuierlich im Boden vorhanden sind und für die Pflanzen verfügbar bleiben.

Die chemischen Veränderungen im Boden, die durch Zersetzung und Mineralisierung verursacht werden, tragen zur Aufrechterhaltung der

Bodenfruchtbarkeit und zur Unterstützung der ökologischen Gesundheit der Böden bei. Diese langfristigen Prozesse stellen sicher, dass der Boden reich an Nährstoffen bleibt und für das Pflanzenwachstum geeignet ist, was wiederum die gesamte ökologische Balance und Produktivität des Systems unterstützt.

6.4. Langfristige Energieumwandlungen in der Natur

6.4.1. Humusbildung

Bildung von Humus:

Humus ist eine komplexe Mischung organischer Substanzen, die durch die Zersetzung von pflanzlichem und tierischem Material im Boden entsteht. Der Prozess der Humusbildung beginnt, sobald organische Materialien in den Boden gelangen, sei es durch abgestorbene Pflanzenreste, tierische Exkremente oder andere organische Abfälle. Mikroorganismen wie Bakterien, Pilze und Actinobakterien spielen eine zentrale Rolle bei diesem Abbauprozess. Diese Mikroben greifen die organischen Materialien an und setzen Enzyme frei, die die komplexen Moleküle wie Lignin, Cellulose und Hemicellulose in kleinere, einfachere Verbindungen aufspalten.

Die Zersetzung von Lignin, einem der widerstandsfähigsten Bestandteile von Pflanzenzellwänden, ist besonders wichtig, da es schwer abbaubar ist und eine bedeutende Rolle in der Bildung stabiler Humusstoffe spielt. Während des Abbaus werden auch andere energiehaltige Verbindungen wie Cellulose abgebaut, wobei sie in weniger komplexe Verbindungen überführt werden. Diese Prozesse führen zur Bildung von sogenannten Huminstoffen, die sich durch ihre Stabilität und ihre Fähigkeit auszeichnen, Nährstoffe im Boden zu halten.

Humus entsteht also nicht nur durch die einfache Zersetzung, sondern durch eine Reihe komplexer chemischer und biologischer Prozesse, die in einem fortwährenden Kreislauf ablaufen. Neben der Umwandlung organischer Verbindungen in Humusstoffe sind auch verschiedene physikalische und chemische Umwandlungen beteiligt, bei denen Humus in den Boden integriert wird. Diese Umwandlungen führen zur Bildung von stabilen, langfristigen Humusstrukturen, die in der Lage sind, große Mengen Wasser und Nährstoffe zu speichern.

Humus ist ein wesentlicher Bestandteil des Bodenökosystems und trägt entscheidend zur Bodenfruchtbarkeit bei. Die Bildung von Humus ist ein langfristiger Prozess, der über viele Jahre, ja sogar Jahrzehnten andauern kann. Der Humusgehalt des Bodens ist somit ein Indikator für die Nachhaltigkeit und Produktivität eines Ökosystems. Der Humus speichert nicht nur Energie, sondern auch eine Vielzahl von Nährstoffen wie Stickstoff, Phosphor, Kalium und andere Mikronährstoffe, die für das Wachstum und die Entwicklung von Pflanzen unerlässlich sind. Die Verfügbarkeit dieser Nährstoffe ist entscheidend für die ökologische Balance und das Gedeihen der Pflanzenwelt.

Funktion des Humus:

Die Funktionen des Humus im Boden sind vielfältig und von großer Bedeutung für die langfristige Gesundheit und Fruchtbarkeit des Bodens. Eine der Hauptfunktionen von Humus ist die Verbesserung der Bodenstruktur. Durch seine Fähigkeit, große Mengen Wasser zu speichern, sorgt Humus dafür, dass Böden eine höhere Wasserhaltekapazität besitzen. Dies ist besonders vorteilhaft in trockenen Perioden, wenn die Verfügbarkeit von Wasser entscheidend für das Überleben von Pflanzen ist. Der Humus wirkt wie ein Schwamm, der Wasser speichert und es nach Bedarf an die Pflanzenwurzeln abgibt.

Zusätzlich zur Wasserhaltefähigkeit trägt Humus zur Stabilität des Bodens bei. Er fördert die Bildung von Bodenaggregaten, die die Struktur des Bodens verbessern und die Erosionsanfälligkeit verringern. Durch die Aggregation der Bodenpartikel wird der Boden widerstandsfähiger gegenüber mechanischer Belastung durch Regen oder Wind. Diese Stabilität ist entscheidend, um die oberste Bodenschicht zu schützen, die für das Pflanzenwachstum von großer Bedeutung ist.

Humus wirkt auch als Puffer gegen pH-Änderungen im Boden. Die Pufferwirkung des Humus hilft dabei, den pH-Wert des Bodens innerhalb eines optimalen Bereichs zu halten, was die Verfügbarkeit von Nährstoffen für Pflanzen verbessert. Extreme pH-Werte können die Nährstoffaufnahme der Pflanzen beeinträchtigen und zu Mangelerscheinungen führen. Durch seine Fähigkeit, überschüssige Säuren oder Basen zu neutralisieren, schützt Humus die Pflanzen vor solchen extremen Bedingungen und trägt zur Aufrechterhaltung einer stabilen Bodenumgebung bei.

Die langfristige Fruchtbarkeit und Gesundheit des Bodens werden durch die physikalischen, chemischen und biologischen Eigenschaften des Humus verbessert. Humus fördert nicht nur das Wachstum von Pflanzen durch die Bereitstellung von Nährstoffen und Wasser, sondern trägt auch zur biologischen Aktivität im Boden bei. Die Mikroben, die im Humus leben, spielen eine wichtige Rolle bei der weiteren Zersetzung von organischem Material und der Umwandlung von Nährstoffen, wodurch ein kontinuierlicher Kreislauf von Nährstoffverfügbarkeit und -aufnahme gewährleistet wird.

Insgesamt verbessert Humus die langfristige Bodenfruchtbarkeit, indem er die physikalischen Eigenschaften des Bodens optimiert, die Nährstoffverfügbarkeit verbessert und die ökologische Balance aufrechterhält. Diese Funktionen sind von entscheidender Bedeutung für die nachhaltige Nutzung der Böden und die Erhaltung der ökologischen Gesundheit von Land- und Gartenbauflächen.

6.4.2. Einfluss auf die biologische Aktivität

Mikrobenpopulationen:

Die langfristige Umwandlung von Energie, die durch den Abbau organischer Materialien im Boden erfolgt, hat tiefgreifende Auswirkungen auf die Zusammensetzung und Aktivität der Mikrobenpopulationen. Mikroorganismen, zu denen Bakterien, Pilze, Aktinobakterien und andere mikroskopisch kleine Lebewesen gehören, sind unentbehrliche Akteure im Nährstoffkreislauf. Sie spielen eine zentrale Rolle im ökologischen System, indem sie organisches Material effizient abbauen und die daraus freigesetzten Nährstoffe für Pflanzen sowie andere Bodenorganismen verfügbar machen. Dieser Abbauprozess ist nicht nur eine Frage der Zersetzung, sondern auch der Umwandlung komplexer organischer Moleküle in einfachere Verbindungen, die dann leichter von der Flora und Fauna des Bodens aufgenommen werden können.

Die Vielfalt und Aktivität dieser Mikrobenpopulationen sind eng verbunden mit der Verfügbarkeit und Art der organischen Materialien, die in den Boden eingebracht werden. Ein reicher Vorrat an organischem Material, wie z.B. abgestorbene Pflanzenreste, tierische Exkremente und andere organische Abfälle, schafft ein optimales Umfeld für eine vielfältige Mikrobengemeinschaft. Diese Vielfalt fördert eine intensivere mikrobielle Aktivität, da unterschiedliche Mikrobenarten spezielle Nahrungsquellen bevorzugen und verschiedene Abbauprozesse durchführen. Zum Beispiel sind einige Bakterienarten besonders gut darin, Cellulose zu zersetzen, während andere auf die Verwertung von Lignin spezialisiert sind. Die Interaktion dieser verschiedenen Mikrobenarten führt zu einer effektiven Nährstofffreisetzung und trägt zur Verbesserung der Bodenqualität und -fruchtbarkeit bei.

Die Aktivität der Mikroben im Boden ist ein dynamischer Prozess, der von vielen Faktoren beeinflusst wird, darunter Temperatur, Feuchtigkeit und pH-Wert. In feuchten und warmen Bedingungen nehmen die mikrobielle Aktivität und die Zersetzungsrate tendenziell zu, während extreme Bedingungen wie Trockenheit oder Kälte diese Prozesse verlangsamen können. Darüber hinaus können bestimmte landwirtschaftliche Praktiken, wie z.B. der Einsatz von Düngemitteln oder Pestiziden, die Mikrobengemeinschaft im Boden beeinflussen. Ein ausgewogenes Verhältnis der verschiedenen Mikrobenarten und eine optimale mikrobielle Aktivität sind entscheidend für die Aufrechterhaltung der Bodenfruchtbarkeit und die nachhaltige Nutzung der Böden.

Bodenlebewesen:

Neben den Mikroben spielen auch größere Bodenlebewesen wie Regenwürmer, Insekten und andere Detritivoren eine entscheidende Rolle in der Energieumwandlung und dem Abbau organischer Materialien. Diese Bodenlebewesen tragen durch ihre physische Zerkleinerung und Verdauung organischer Substanzen erheblich zur Zersetzung bei. Sie zerkleinern Pflanzenreste, tote Tiere und andere organische Abfälle, wodurch die Oberfläche für den mikrobiellen Abbau vergrößert wird. Dieser physische Prozess erhöht die Zersetzungsrate erheblich, da die Mikroben leichter Zugang zu den organischen Materialien haben, die nun in kleinere Stücke zerlegt sind.

Ein besonderes Beispiel sind Regenwürmer, die durch ihre Tätigkeit nicht nur organisches Material zersetzen, sondern auch die Bodenstruktur verbessern. Sie mischen organisches Material mit mineralischen Bestandteilen des Bodens und fördern so die Bildung von fruchtbarem Boden. Ihre Tunnel- und Grabaktivitäten erhöhen die Belüftung des Bodens und verbessern die Durchlässigkeit, was das Wurzelwachstum von Pflanzen unterstützt und die Erosionsanfälligkeit verringert. Diese Bodenlebewesen tragen dazu bei, dass der Boden besser strukturiert und stabilisiert wird, was sowohl für die landwirtschaftliche Nutzung als auch für die Erhaltung natürlicher Ökosysteme von Bedeutung ist.

Die biologischen Prozesse, die durch diese Bodenlebewesen unterstützt werden, sind entscheidend für die kontinuierliche Erneuerung und Erhaltung der Bodenfruchtbarkeit. Sie tragen zur Aufrechterhaltung eines gesunden und produktiven Bodenökosystems bei, indem sie die Nährstoffverfügbarkeit verbessern und die strukturelle Integrität des Bodens fördern. Ein Boden, der reich an Bodenlebewesen und Mikroben ist, ist in der Lage, eine Vielzahl von ökologischen Funktionen zu erfüllen, von der Speicherung von Wasser und Nährstoffen bis hin zur Unterstützung von Pflanzenwachstum und Förderung der biologischen Vielfalt.

Zusammenfassung:

Die langfristige Umwandlung von Energie nach dem Tod eines Organismus hat umfassende Auswirkungen auf die biologische Aktivität im Boden. Die Mikrobenpopulationen und Bodenlebewesen spielen eine zentrale Rolle bei der Zersetzung und Umwandlung organischer Materialien, wodurch Nährstoffe freigesetzt und die Bodenqualität verbessert werden. Die Vielfalt und Aktivität dieser Mikroben sind eng mit der Verfügbarkeit organischer Materialien und den Umweltbedingungen verknüpft. Gleichzeitig tragen Bodenlebewesen wie Regenwürmer zur physischen Zerkleinerung und Mischung von organischen Materialien bei, was die Zersetzungsrate erhöht und die Bodenstruktur verbessert. Das Verständnis dieser Prozesse ist entscheidend für die nachhaltige Nutzung und Erhaltung von Böden sowie für die Förderung einer gesunden und produktiven Umwelt.

Energie und Vergänglichkeit - Die Reise nach dem Tod

Kapitel 7:
Ökologische und physikalische Perspektiven

Die Zersetzung und die damit verbundenen Energieumwandlungen sind nicht nur biologische Prozesse, sondern auch tief in ökologische und physikalische Systeme integriert. Dieses Kapitel beleuchtet die Auswirkungen der Zersetzung auf ökologische Strukturen und die physikalischen Prozesse, die diese Veränderungen begleiten. Es bietet einen umfassenden Überblick über die Wechselwirkungen zwischen Zersetzung, Ökosystemen und den physikalischen Gegebenheiten der Umwelt.

Die Zersetzung ist ein grundlegender Prozess im ökologischen Kreislauf, bei dem organische Substanzen von Mikroorganismen und anderen Zersetzern abgebaut werden. Dies führt zur Freisetzung von Nährstoffen, die von Pflanzen wieder aufgenommen werden können, sowie zur Umwandlung von Energie, die von den zersetzenden Organismen genutzt wird. Dieser Prozess ist nicht isoliert, sondern findet in einem komplexen Netzwerk von Wechselwirkungen statt, die sowohl die Struktur als auch die Funktion von Ökosystemen beeinflussen.

Auf der physischen Ebene spielt die Zersetzung eine wesentliche Rolle bei der Gestaltung der Landschaften und der Bodenbildung. Die durch die Zersetzung freigesetzten chemischen Verbindungen interagieren mit dem Boden, beeinflussen seine Struktur und Fruchtbarkeit und tragen zur Bildung von Humus bei. Diese physikalischen Veränderungen haben wiederum direkte Auswirkungen auf die Pflanzenwelt und die Tiergemeinschaften, die in diesen Böden leben.

Ein Beispiel für die ökologische Bedeutung der Zersetzung ist der Kohlenstoffkreislauf. Organisches Material, das durch Pflanzenfotosynthese gebunden wurde, wird durch die Zersetzung wieder in die Atmosphäre freigesetzt. Diese Freisetzung von Kohlenstoffdioxid ist ein entscheidender Faktor für das Klima der Erde, da es als Treibhausgas wirkt. Gleichzeitig wird Kohlenstoff in Form von Humus im Boden gespeichert, was zur Bodenfruchtbarkeit und Kohlenstoffbindung beiträgt.

Ein weiteres wichtiges physikalisches Phänomen, das mit der Zersetzung verbunden ist, ist die Wärmeproduktion. Mikroorganismen erzeugen während der Zersetzung Wärme, was in Komposthaufen beobachtet werden kann. Diese Wärme kann die Temperatur des Bodens beeinflussen und somit die Bedingungen für andere Bodenprozesse und -organismen verändern.

Darüber hinaus beeinflussen die physikalischen Bedingungen wie Temperatur, Feuchtigkeit und Sauerstoffgehalt die Geschwindigkeit und Effizienz der Zersetzungsprozesse. In warmen, feuchten Umgebungen verläuft die Zersetzung schneller als in kalten oder trockenen Bedingungen. Dies hat zur Folge, dass die ökologischen Auswirkungen der Zersetzung je nach Klimazone und Mikroklima variieren können.

Die Wechselwirkungen zwischen ökologischen und physikalischen Prozessen sind komplex und vielschichtig. Sie zeigen, wie eng biologische, chemische und physikalische Aspekte in der Natur verknüpft sind. Durch das Verständnis dieser Wechselwirkungen können wir besser nachvollziehen, wie Ökosysteme funktionieren und wie menschliche Aktivitäten diese Prozesse beeinflussen können.

In diesem Kapitel werden wir daher detailliert auf die verschiedenen Aspekte der Zersetzung eingehen, von den beteiligten Organismen über die chemischen Reaktionen bis hin zu den physikalischen Veränderungen im Boden. Wir werden die Rolle der Zersetzung im globalen Kohlenstoffkreislauf beleuchten und die Bedeutung der Zersetzung für die Bodenfruchtbarkeit und -gesundheit erörtern. Darüber hinaus werden wir untersuchen, wie Veränderungen in den Umweltbedingungen, sei es durch natürliche Faktoren oder menschliche Einflüsse, die Zersetzungsprozesse und ihre Auswirkungen auf Ökosysteme beeinflussen können.

Durch die Vertiefung in diese Themen hoffen wir, ein umfassenderes Verständnis für die zentrale Rolle der Zersetzung in der Natur zu vermitteln und aufzuzeigen, wie dieser Prozess in einem größeren ökologischen und physikalischen Kontext eingebettet ist.

Energie und Vergänglichkeit - Die Reise nach dem Tod

7.1. Ökologische Perspektiven

7.1.1. Rolle der Zersetzung im Nährstoffkreislauf

Nährstoffrückführung:

Die Zersetzung von totem organischem Material ist ein entscheidender Bestandteil des Nährstoffkreislaufs. Die freigesetzten Nährstoffe, wie Stickstoff, Phosphor und Kalium, werden wieder in den Boden zurückgeführt, wo sie von Pflanzen aufgenommen werden können.

Humusbildung:

Während der Zersetzung entsteht Humus, der wichtige Nährstoffe speichert und die Bodenfruchtbarkeit erhöht. Humus wirkt als Puffer, der Nährstoffe speichert und für Pflanzen langfristig verfügbar macht.

Die Rolle der Zersetzung im Nährstoffkreislauf ist von zentraler Bedeutung für das Funktionieren von Ökosystemen. Durch den Abbau von totem organischem Material, wie abgefallenen Blättern, abgestorbenen Pflanzen und Tierkadavern, werden lebenswichtige Nährstoffe freigesetzt, die ansonsten in der toten Biomasse gebunden bleiben würden. Diese Nährstoffe, einschließlich Stickstoff, Phosphor und Kalium, sind essenziell für das Wachstum und die Entwicklung von Pflanzen.

Stickstoff, zum Beispiel, ist ein grundlegender Bestandteil von Aminosäuren und Proteinen und spielt eine wesentliche Rolle bei der Photosynthese. Durch die Zersetzung wird Stickstoff in Form von Ammonium und Nitraten freigesetzt, die von Pflanzenwurzeln leicht aufgenommen werden können. Phosphor ist ebenfalls von großer Bedeutung, da es ein Hauptbestandteil von DNA, RNA und ATP ist, den

Molekülen, die für die Speicherung und Übertragung von Energie in Zellen verantwortlich sind. Kalium reguliert den Wasserhaushalt der Pflanzenzellen und aktivert zahlreiche Enzyme, die für das Pflanzenwachstum notwendig sind.

Der Prozess der Humusbildung ist ein weiteres entscheidendes Ergebnis der Zersetzung. Humus entsteht durch die mikrobielle und chemische Umwandlung von organischem Material und stellt eine stabile, langfristige Form von organischem Kohlenstoff dar. Die Präsenz von Humus im Boden hat zahlreiche positive Effekte auf die Bodenqualität und -fruchtbarkeit. Humus hat die Fähigkeit, Wasser und Nährstoffe zu speichern und sie allmählich freizusetzen, was besonders in Böden mit geringer Nährstoffverfügbarkeit wichtig ist. Dadurch können Pflanzen auch in Zeiten von Nährstoffmangel oder ungünstigen Wachstumsbedingungen kontinuierlich versorgt werden.

Darüber hinaus trägt Humus zur Verbesserung der Bodenstruktur bei, indem er die Aggregation von Bodenpartikeln fördert. Eine gute Bodenstruktur verbessert die Durchlüftung und Wasseraufnahme des Bodens, was wiederum das Wurzelwachstum und die mikrobielle Aktivität unterstützt. Eine erhöhte mikrobielle Aktivität beschleunigt wiederum den Abbau von organischem Material und die Freisetzung von Nährstoffen, wodurch ein positiver Kreislauf entsteht, der die Bodenfruchtbarkeit weiter erhöht.

Ein gesunder Nährstoffkreislauf ist auch entscheidend für die Stabilität und Produktivität von Ökosystemen. Pflanzen, die ausreichend mit Nährstoffen versorgt werden, sind widerstandsfähiger gegenüber Krankheiten und Stressfaktoren wie Dürre oder Schädlingen. Diese Pflanzen bieten wiederum Nahrung und Lebensraum für eine Vielzahl von Tieren, von Insekten bis hin zu großen Säugetieren, die auf die pflanzliche Biomasse angewiesen sind. Durch die Zersetzung wird also nicht nur die pflanzliche, sondern die gesamte biologische Produktivität eines Ökosystems unterstützt.

Die Bedeutung der Zersetzung für den Nährstoffkreislauf zeigt sich auch in menschlich bewirtschafteten Systemen, wie der Landwirtschaft und der Forstwirtschaft. Hier wird oft versucht, die natürlichen Zersetzungsprozesse zu optimieren, um die Bodenfruchtbarkeit zu erhöhen. Dies kann durch das Hinzufügen von organischem Material wie Kompost oder Mulch geschehen, die die Aktivität von Zersetzern fördern und die Humusbildung unterstützen.

Insgesamt ist die Zersetzung ein komplexer und dynamischer Prozess, der tief in die ökologischen und physikalischen Systeme integriert ist. Durch das Verständnis der Rolle der Zersetzung im Nährstoffkreislauf können wir besser nachvollziehen, wie Ökosysteme funktionieren und wie wir nachhaltige Praktiken entwickeln können, um die Bodenfruchtbarkeit und die ökologische Gesundheit zu fördern.

7.1.2. Auswirkungen auf die Bodenbiologie

Mikrobielle Gemeinschaften:

Die Zersetzung beeinflusst die Zusammensetzung und Aktivität von mikrobiellen Gemeinschaften im Boden. Verschiedene Mikroben sind für unterschiedliche Phasen der Zersetzung verantwortlich und tragen zur Bildung von Humus und zur Nährstoffverfügbarkeit bei.

Die mikrobiellen Gemeinschaften im Boden sind von zentraler Bedeutung für den Zersetzungsprozess und die daraus resultierende Bodenfruchtbarkeit. Diese Gemeinschaften bestehen aus einer Vielzahl von Mikroorganismen, einschließlich Bakterien, Pilzen, Actinomyceten und anderen Mikroben, die alle eine spezifische Rolle im Abbau organischer Substanzen spielen. Die Vielfalt und Aktivität dieser Mikroorganismen bestimmen maßgeblich die Geschwindigkeit und Effizienz der Zersetzung sowie die Qualität des resultierenden Humus.

Zu Beginn der Zersetzung sind es oft Bakterien und Pilze, die die leicht abbaubaren Bestandteile des organischen Materials, wie Zucker, Proteine und Lipide, zersetzen. Diese Mikroorganismen produzieren Enzyme, die die komplexen Moleküle in kleinere, für sie nutzbare Einheiten zerlegen. Beispielsweise sind einige Bakterienarten besonders effektiv bei der Hydrolyse von Stärke zu Glukose, während bestimmte Pilze in der Lage sind, Cellulose abzubauen. Diese ersten Schritte der Zersetzung sind entscheidend, da sie die Grundlage für die weiteren Phasen des Abbaus legen.

Im weiteren Verlauf der Zersetzung übernehmen dann spezialisiertere Mikroben die Rolle, die komplexeren und widerstandsfähigeren Bestandteile des organischen Materials abzubauen. Actinomyceten, eine Gruppe von filamentösen Bakterien, sind beispielsweise bekannt für ihre Fähigkeit, ligninhaltige Verbindungen zu zersetzen. Lignin ist ein Hauptbestandteil von Holz und anderen pflanzlichen Materialien und gilt als besonders schwer abbaubar. Durch ihre Fähigkeit, diese komplexen Verbindungen zu zerlegen, tragen Actinomyceten wesentlich zur Bildung von stabilen Humusverbindungen bei.

Die Aktivität dieser Mikroben hat direkte Auswirkungen auf die Bodenfruchtbarkeit. Während der Zersetzung werden organische Verbindungen in anorganische Nährstoffe wie Ammonium, Nitrate, Phosphate und Kalium umgewandelt. Diese Nährstoffe sind essentiell für das Pflanzenwachstum und stehen nach der Freisetzung im Boden den Pflanzen zur Verfügung. Zudem tragen mikrobiell produzierte Stoffwechselprodukte zur Stabilisierung der Bodenstruktur bei, indem sie die Aggregation von Bodenpartikeln fördern und die Bildung von krümeligen Strukturen unterstützen.

Ein weiterer wichtiger Aspekt der mikrobiellen Gemeinschaften ist ihre Fähigkeit, miteinander und mit anderen Bodenorganismen zu interagieren. Symbiotische Beziehungen, wie die zwischen Mykorrhizapilzen und Pflanzenwurzeln, spielen eine wesentliche Rolle bei der Nährstoffaufnahme und der Verbesserung der Bodenstruktur. Mykorrhizapilze bilden Netzwerke um die Pflanzenwurzeln herum und erhöhen dadurch die Oberfläche für die Nährstoffaufnahme, was den Pflanzen hilft, mehr Wasser und Nährstoffe aus dem Boden zu ziehen. Im Gegenzug erhalten die Pilze Kohlenhydrate von den Pflanzen, die sie zur Energiegewinnung nutzen.

Die mikrobielle Diversität und ihre dynamischen Interaktionen sind entscheidend für die Resilienz des Bodens gegenüber Umwelteinflüssen. Ein diverser mikrobieller Pool ermöglicht es dem Boden, besser auf Veränderungen in den Umweltbedingungen zu reagieren, wie z.B. Schwankungen in der Feuchtigkeit oder Temperatur. Diese Resilienz ist besonders wichtig in Zeiten des Klimawandels, da Böden, die reich an mikrobieller Vielfalt sind, widerstandsfähiger gegenüber extremen Wetterbedingungen sind und eine kontinuierliche Nährstoffversorgung sicherstellen können.

Zusammenfassung:

Zusammenfassend lässt sich sagen, dass mikrobielle Gemeinschaften eine zentrale Rolle im Zersetzungsprozess spielen und maßgeblich zur Bodenfruchtbarkeit und -gesundheit beitragen. Ihre Fähigkeit, organisches Material abzubauen und Nährstoffe freizusetzen, sowie ihre Interaktionen mit anderen Bodenorganismen, machen sie zu einem unverzichtbaren Bestandteil des Bodenökosystems. Ein tieferes Verständnis der mikrobiellen Prozesse und ihrer Wechselwirkungen kann uns helfen, nachhaltige Praktiken zu entwickeln, die die Bodenfruchtbarkeit erhalten und fördern, und somit die Produktivität unserer Ökosysteme langfristig sichern.

Bodenlebewesen:

Die Zersetzung unterstützt die Lebensgemeinschaften von Bodenlebewesen wie Würmern, Insekten und anderen Detritivoren, die zur weiteren Zersetzung und Bodenstrukturierung beitragen.

Die Zersetzung hat tiefgreifende Auswirkungen auf die Bodenbiologie und spielt eine zentrale Rolle bei der Gestaltung und Aufrechterhaltung der biologischen Vielfalt und Funktionalität von Böden. Die mikrobielle Gemeinschaft im Boden ist von besonderer Bedeutung, da Mikroben die Hauptakteure im Zersetzungsprozess sind. Diese Gemeinschaften sind äußerst divers und umfassen Bakterien, Pilze, Actinomyceten und andere Mikroorganismen, die alle spezifische Rollen im Abbau organischer Substanzen übernehmen.

Zu Beginn der Zersetzung dominieren meist Bakterien und Pilze, die in der Lage sind, leicht abbaubare organische Verbindungen wie Zucker und Aminosäuren schnell zu zersetzen. Diese frühen Zersetzer produzieren Enzyme, die die Zellwände von Pflanzenresten aufbrechen und die darin enthaltenen Nährstoffe freisetzen. Im Verlauf des Zersetzungsprozesses übernehmen dann spezialisiertere Mikroben die Rolle, die komplexeren organischen Verbindungen wie Lignin und Cellulose abzubauen. Actinomyceten, eine Gruppe von filamentösen Bakterien, sind beispielsweise besonders effektiv beim Abbau von hartnäckigen pflanzlichen Materialien und tragen zur endgültigen Humusbildung bei.

Die Aktivität dieser Mikroben hat direkte Auswirkungen auf die Bodenfruchtbarkeit und die Verfügbarkeit von Nährstoffen für Pflanzen. Durch ihre Stoffwechselprozesse wandeln Mikroben organische Verbindungen in anorganische Nährstoffe um, die für Pflanzen zugänglich sind. Diese Nährstoffe werden dann in den Boden freigesetzt, wo sie von Pflanzenwurzeln aufgenommen werden können. Die mikrobiellen Gemeinschaften sind somit nicht nur für die Zersetzung selbst entscheidend, sondern auch für die Aufrecht-erhaltung eines gesunden und produktiven Bodens.

Darüber hinaus beeinflusst die Zersetzung die Lebensgemeinschaften von Bodenlebewesen, die oft als Makrofauna bezeichnet werden. Zu diesen gehören Regenwürmer, Insekten, Milben und andere Detritivoren, die sich von totem organischem Material ernähren. Regenwürmer sind besonders wichtig, da sie durch ihre Bewegungen den Boden durchlüften und die Durchmischung von organischem Material und Mineralboden fördern. Diese biologische Aktivität verbessert die

Bodenstruktur, erhöht die Wasserspeicherkapazität und fördert das Wurzelwachstum.

Insekten und andere kleine Bodenorganismen tragen ebenfalls wesentlich zur Zersetzung bei, indem sie organisches Material zerkleinern und so die Oberfläche vergrößern, die für mikrobiellen Abbau zur Verfügung steht. Diese Zerkleinerung beschleunigt die Zersetzungsrate und sorgt dafür, dass Nährstoffe schneller in den Boden zurückgeführt werden. Die Interaktionen zwischen Mikroben und Makrofauna sind somit ein zentraler Bestandteil des Zersetzungsprozesses und tragen gemeinsam zur Bodenbildung und -gesundheit bei.

Die Vielfalt der Bodenlebewesen und Mikroben, die am Zersetzungsprozess beteiligt sind, führt zu einer komplexen und stabilen Bodenökologie. Ein gut funktionierendes Zersetzungssystem unterstützt eine Vielzahl von ökologischen Prozessen, einschließlich der Regulation von Nährstoffkreisläufen, der Aufrechterhaltung der Bodenstruktur und der Förderung der Pflanzengesundheit. Diese Prozesse sind nicht nur für natürliche Ökosysteme von Bedeutung, sondern auch für landwirtschaftliche Systeme, wo die Bodenfruchtbarkeit und -produktivität direkt von der Gesundheit des Bodens abhängen.

Die Auswirkungen der Zersetzung auf die Bodenbiologie sind somit vielfältig und tiefgreifend. Durch das Verständnis dieser Prozesse können wir besser nachvollziehen, wie Böden als lebendige Systeme funktionieren und wie sie durch menschliche Aktivitäten beeinflusst werden können. Maßnahmen zur Förderung der Bodenbiologie, wie die Zugabe von organischem Material und die Vermeidung von Bodenverdichtung, können dazu beitragen, die Zersetzungsprozesse zu optimieren und die Bodenqualität langfristig zu verbessern. Die Förderung einer gesunden Bodenbiologie ist daher ein entscheidender Faktor für nachhaltige Landnutzung und Umweltschutz.

7.1.3. Einfluss auf Pflanzenwachstum

Nährstoffversorgung:

Die Zersetzung liefert essentielle Nährstoffe, die für das Wachstum und die Entwicklung von Pflanzen notwendig sind. Ein ausgewogenes Verhältnis von Nährstoffen fördert gesundes Pflanzenwachstum und Produktivität.

Die Zersetzung spielt eine zentrale Rolle in der Nährstoffversorgung von Pflanzen, da sie den Boden kontinuierlich mit wichtigen Nährstoffen anreichert, die für das Pflanzenwachstum unerlässlich sind. Der Prozess der Zersetzung zersetzt organisches Material, wie abgestorbene Pflanzenreste, Laub und Tierkadaver, und wandelt es in anorganische Nährstoffe um. Diese Nährstoffe, darunter Stickstoff, Phosphor und Kalium, sind fundamental für viele physiologische Prozesse in Pflanzen.

Stickstoff ist einer der wichtigsten Nährstoffe für Pflanzen, da er ein zentraler Bestandteil von Aminosäuren, Proteinen und Chlorophyll ist. Chlorophyll wiederum ist für die Photosynthese erforderlich, den Prozess, bei dem Pflanzen Lichtenergie in chemische Energie umwandeln. Ein Mangel an Stickstoff führt zu Wachstumsstörungen, gelben Blättern und einer insgesamt verminderten Vitalität der Pflanze.

Phosphor ist ein weiterer essenzieller Nährstoff, der für die Energieübertragung in Pflanzenzellen unerlässlich ist. Er ist ein Bestandteil von Adenosintriphosphat (ATP), das in Zellen als Energiespeicher und -überträger fungiert. Phosphor trägt auch zur Entwicklung von Wurzelsystemen, zur Blütenbildung und zur Fruchtproduktion bei. Ein Mangel an Phosphor kann zu einer Verzögerung des Wachstums, einer schlechten Wurzelentwicklung und einer verminderten Blüten- und Fruchtbildung führen.

Kalium spielt eine wichtige Rolle bei der Regulierung des Wasserhaushalts in Pflanzenzellen und bei der Aktivierung von Enzymen, die an verschiedenen Stoffwechselprozessen beteiligt sind. Es fördert die Photosynthese, verbessert die Krankheitsresistenz der Pflanzen und stärkt die Zellwände, wodurch die Pflanze insgesamt widerstandsfähiger wird. Ein Kaliumdefizit kann zu schlaffen Pflanzen, braunen Blattspitzen und einer erhöhten Anfälligkeit für Krankheiten führen.

Ein ausgewogenes Verhältnis dieser Nährstoffe ist entscheidend für ein gesundes Pflanzenwachstum und eine hohe Produktivität. Die Zersetzung sorgt dafür, dass diese Nährstoffe in einer Form vorliegen, die für Pflanzen leicht verfügbar ist. Durch die kontinuierliche Freisetzung von Nährstoffen aus zersetztem organischem Material wird der Boden fruchtbarer und kann Pflanzen über längere Zeiträume hinweg optimal versorgen.

Neben den Makronährstoffen wie Stickstoff, Phosphor und Kalium trägt die Zersetzung auch zur Verfügbarkeit von Mikronährstoffen bei, die in kleineren Mengen, aber dennoch essenziell für das Pflanzenwachstum sind. Dazu gehören Elemente wie Eisen, Mangan, Zink, Kupfer und Bor. Diese Mikronährstoffe sind an zahlreichen biochemischen Reaktionen beteiligt und tragen zur Gesundheit und Vitalität der Pflanzen bei.

Ein weiterer wichtiger Aspekt der Zersetzung ist die Schaffung eines günstigen mikrobiellen Umfelds im Boden. Die Mikroorganismen, die an der Zersetzung beteiligt sind, fördern nicht nur den Abbau organischer Materialien, sondern auch die Bildung von Symbiosen mit Pflanzen. Ein bekanntes Beispiel ist die Mykorrhiza, eine Symbiose zwischen Pilzen und Pflanzenwurzeln, die die Nährstoffaufnahme der Pflanzen verbessert. Mykorrhizapilze vergrößern das Wurzelnetzwerk der Pflanzen und helfen ihnen, Wasser und Nährstoffe effizienter aufzunehmen, insbesondere in nährstoffarmen Böden.

Insgesamt zeigt die Zersetzung, wie eng die Prozesse des Nährstoffkreislaufs mit dem Pflanzenwachstum verbunden sind. Durch die kontinuierliche Freisetzung und Bereitstellung von Nährstoffen trägt die Zersetzung maßgeblich zur Bodenfruchtbarkeit bei. Ein tiefes Verständnis dieser Prozesse ermöglicht es, landwirtschaftliche und gärtnerische Praktiken zu optimieren, um die Bodenqualität zu verbessern und die Pflanzenproduktivität zu steigern. Die Förderung der Zersetzung durch organische Düngung, Kompostierung und andere nachhaltige Praktiken kann somit wesentlich dazu beitragen, die Gesundheit und Produktivität unserer Ökosysteme langfristig zu sichern.

Bodenstruktur:

Die Humusbildung verbessert die Bodenstruktur, indem sie die Wasserhaltekapazität erhöht und die Belüftung des Bodens verbessert. Dies schafft günstigere Bedingungen für die Wurzeln und das Pflanzenwachstum.

Die Zersetzung spielt eine zentrale Rolle im Pflanzenwachstum, da sie den Boden mit wichtigen Nährstoffen anreichert, die für die Entwicklung und Gesundheit der Pflanzen unerlässlich sind. Der Abbau von organischem Material durch Mikroorganismen führt zur Freisetzung von Nährstoffen wie Stickstoff, Phosphor und Kalium, die Pflanzen für ihre physiologischen Prozesse benötigen. Diese Nährstoffe sind essenziell für die Photosynthese, die Proteinbildung und viele andere lebenswichtige Funktionen.

Stickstoff beispielsweise ist ein Hauptbestandteil von Chlorophyll, dem Molekül, das für die Photosynthese verantwortlich ist. Ohne ausreichenden Stickstoff können Pflanzen keine ausreichenden Mengen an Chlorophyll produzieren, was zu verkümmertem Wachstum und einer reduzierten Fähigkeit zur Energiegewinnung führt. Phosphor ist ein weiterer kritischer Nährstoff, der für die Energieübertragung in

Pflanzenzellen notwendig ist. Er ist ein wesentlicher Bestandteil von ATP (Adenosintriphosphat), dem Hauptenergiemolekül, das in Zellen verwendet wird. Kalium hingegen spielt eine wichtige Rolle bei der Regulierung des Wasserhaushalts in Pflanzenzellen und bei der Aktivierung von Enzymen, die für das Pflanzenwachstum und die Entwicklung notwendig sind.

Die kontinuierliche Versorgung mit diesen Nährstoffen durch den Zersetzungsprozess stellt sicher, dass Pflanzen unter optimalen Bedingungen wachsen können. Ein ausgewogenes Verhältnis von Nährstoffen im Boden fördert nicht nur das gesunde Wachstum von Pflanzen, sondern auch ihre Widerstandsfähigkeit gegenüber Krankheiten und Stressfaktoren wie Trockenheit und Schädlingen. Pflanzen, die ausreichend mit Nährstoffen versorgt sind, zeigen in der Regel eine bessere Wurzelentwicklung, kräftigeres Laub und eine höhere Produktivität.

Neben der Nährstoffversorgung hat die Zersetzung auch einen bedeutenden Einfluss auf die Bodenstruktur, was wiederum das Pflanzenwachstum positiv beeinflusst. Die Humusbildung, ein Nebenprodukt der Zersetzung, trägt wesentlich zur Verbesserung der Bodenstruktur bei. Humus erhöht die Wasserhaltekapazität des Bodens, was besonders in trockenen Regionen von großer Bedeutung ist. Böden mit hohem Humusgehalt können mehr Wasser speichern und dieses langsamer an die Pflanzenwurzeln abgeben, wodurch Trockenstress reduziert wird.

Darüber hinaus fördert Humus die Aggregation von Bodenpartikeln, was zu einer besseren Bodenbelüftung führt. Eine gut belüftete Bodenstruktur ermöglicht den Wurzeln, tiefer in den Boden zu wachsen und effizienter Nährstoffe und Wasser aufzunehmen. Eine verbesserte Durchwurzelung erhöht die Standfestigkeit der Pflanzen und ihre Fähigkeit, sich gegen Umwelteinflüsse zu behaupten. Die Belüftung des Bodens ist auch für die mikrobiellen Gemeinschaften von Vorteil, die an der Zersetzung beteiligt sind, da viele dieser Mikroorganismen Sauerstoff für ihre Stoffwechselprozesse benötigen.

Die physikalischen Veränderungen im Boden, die durch die Zersetzung und Humusbildung hervorgerufen werden, schaffen somit günstigere Bedingungen für das Pflanzenwachstum. Dies hat nicht nur positive Auswirkungen auf die natürliche Vegetation, sondern auch auf landwirtschaftliche Kulturen. Landwirte und Gärtner können durch die Förderung der Zersetzung und die Anreicherung des Bodens mit organischem Material die Bodenqualität verbessern und somit die

Erträge ihrer Pflanzen steigern.

Ein weiterer Vorteil einer verbesserten Bodenstruktur ist die Verringerung der Erosion. Humusreiche Böden sind weniger anfällig für Erosion durch Wind und Wasser, da die Bodenpartikel besser zusammenhalten. Dies trägt zum langfristigen Erhalt der Bodenfruchtbarkeit bei und verhindert den Verlust wertvoller Oberbodenschichten, die reich an Nährstoffen und organischem Material sind.

Zusammenfassend lässt sich sagen, dass die Zersetzung durch ihre Rolle in der Nährstoffversorgung und der Verbesserung der Bodenstruktur entscheidend für das Pflanzenwachstum ist. Die Freisetzung essentieller Nährstoffe und die physikalischen Veränderungen im Boden schaffen ein Umfeld, in dem Pflanzen optimal gedeihen können. Ein tieferes Verständnis dieser Prozesse ermöglicht es uns, gezielte Maßnahmen zur Förderung des Pflanzenwachstums zu entwickeln und nachhaltige landwirtschaftliche Praktiken zu unterstützen.

7.1.4. Ökologische Dynamik

Artenvielfalt:

Die Zersetzung trägt zur Erhöhung der Artenvielfalt bei, indem sie Lebensräume für verschiedene Mikroben und Bodenlebewesen schafft. Diese Vielfalt unterstützt die ökologische Stabilität und Widerstandsfähigkeit der Ökosysteme.

Die Zersetzung spielt eine entscheidende Rolle in der Förderung der Artenvielfalt in Böden und darüber hinaus in gesamten Ökosystemen. Durch den Abbau organischen Materials entstehen zahlreiche Mikrohabitate und Nischen, die von einer Vielzahl von Organismen besiedelt werden. Mikroben, einschließlich Bakterien, Pilzen und Actinomyceten, finden in zersetztem Material ideale Bedingungen, um zu gedeihen. Diese Mikroben sind spezialisiert auf unterschiedliche Substrate und Phasen der Zersetzung, was zu einer hohen mikrobiellen Diversität führt.

Diese mikrobiellen Gemeinschaften interagieren komplex miteinander und mit höheren Bodenlebewesen wie Würmern, Milben, Insekten und anderen Detritivoren. Jeder dieser Organismen hat eine spezifische Rolle im Zersetzungsprozess und trägt zur Zersetzung und zum Nährstoffkreislauf bei. Zum Beispiel zerkleinern Regenwürmer organisches Material, was die Oberfläche für mikrobiellen Abbau vergrößert. Insekten und andere Arthropoden fragmentieren das

Material weiter und transportieren es durch den Boden, wodurch es gleichmäßig verteilt wird und für Mikroben zugänglich bleibt.

Die erhöhte Artenvielfalt, die durch die Zersetzung gefördert wird, trägt zur Stabilität und Widerstandsfähigkeit von Ökosystemen bei. Ein vielfältiges Ökosystem kann besser auf Störungen reagieren, sei es durch natürliche Ereignisse wie Überschwemmungen oder Trockenperioden oder durch menschliche Einflüsse wie Landwirtschaft und Urbanisierung. Die unterschiedlichen Organismen übernehmen verschiedene ökologische Funktionen, sodass das System auch dann stabil bleibt, wenn einzelne Arten oder Gruppen beeinträchtigt werden. Diese Stabilität ist entscheidend für die langfristige Gesundheit und Funktionalität von Ökosystemen.

Darüber hinaus bieten die vielfältigen Mikrohabitate, die durch Zersetzung entstehen, auch Lebensräume für seltene und spezialisierte Arten. Diese Arten tragen zur genetischen Vielfalt bei und haben oft spezifische ökologische Rollen, die für das Gleichgewicht des Ökosystems wichtig sind. Durch die Förderung der Artenvielfalt durch Zersetzung tragen wir also nicht nur zur Stabilität bestehender Ökosysteme bei, sondern unterstützen auch die Erhaltung der biologischen Vielfalt insgesamt.

Kohlenstoffspeicherung:

Die Zersetzung beeinflusst die Kohlenstoffbilanz der Erde. Ein Teil des Kohlenstoffs wird in den Boden als organische Substanz gespeichert, was zur Kohlenstoffspeicherung und damit zum Klimaschutz beiträgt.

Der Prozess der Zersetzung spielt eine wichtige Rolle im globalen Kohlenstoffkreislauf, da er sowohl zur Freisetzung als auch zur Speicherung von Kohlenstoff beiträgt. Wenn organisches Material zersetzt wird, wird Kohlenstoff in Form von Kohlendioxid (CO_2) freigesetzt, was zur atmosphärischen Kohlenstoffkonzentration beiträgt. Ein erheblicher Teil des zersetzten organischen Materials wird jedoch als stabile organische Substanz im Boden gespeichert, insbesondere als Humus.

Humus ist eine komplexe Mischung organischer Stoffe, die aus teilweise zersetztem Pflanzen- und Tiermaterial besteht. Diese Substanz ist relativ stabil und kann über lange Zeiträume im Boden verbleiben. Durch die Speicherung von Kohlenstoff in Form von Humus tragen Böden erheblich zur Reduzierung der CO_2-Konzentration in der Atmosphäre bei und wirken somit als Kohlenstoffsenken. Dies ist besonders wichtig im Kontext des Klimawandels, da die Speicherung von Kohlenstoff im

Boden eine natürliche Methode darstellt, um die Menge an Treibhausgasen in der Atmosphäre zu reduzieren.

Die Kohlenstoffspeicherung im Boden hat weitere positive Effekte auf das Ökosystem. Böden, die reich an organischer Substanz sind, haben eine bessere Struktur und eine höhere Wasserhaltekapazität. Dies verbessert die Bedingungen für Pflanzenwachstum und fördert die Bodenfruchtbarkeit. Eine gute Bodenstruktur trägt auch dazu bei, Erosion zu verhindern und die Wasserinfiltration zu verbessern, was wiederum die Widerstandsfähigkeit von Ökosystemen gegenüber extremen Wetterereignissen erhöht.

Die langfristige Speicherung von Kohlenstoff im Boden ist daher ein entscheidender Faktor für den Klimaschutz und die nachhaltige Nutzung von Landressourcen. Durch die Förderung der Zersetzung und die Erhöhung des Humusgehalts im Boden können wir aktiv zur Kohlenstoffspeicherung beitragen und somit einen positiven Einfluss auf die globale Kohlenstoffbilanz und das Klima ausüben.

Insgesamt zeigt die Zersetzung ihre fundamentale Bedeutung für die ökologische Dynamik, indem sie die Artenvielfalt fördert und zur Kohlenstoffspeicherung beiträgt. Diese Prozesse unterstützen die Stabilität und Widerstandsfähigkeit von Ökosystemen und spielen eine wichtige Rolle im globalen Klimaschutz. Ein besseres Verständnis der Zersetzungsprozesse und ihrer ökologischen Auswirkungen kann uns helfen, nachhaltige Praktiken zu entwickeln, die sowohl die Biodiversität als auch das Klima schützen.

7.2. Physikalische Perspektiven

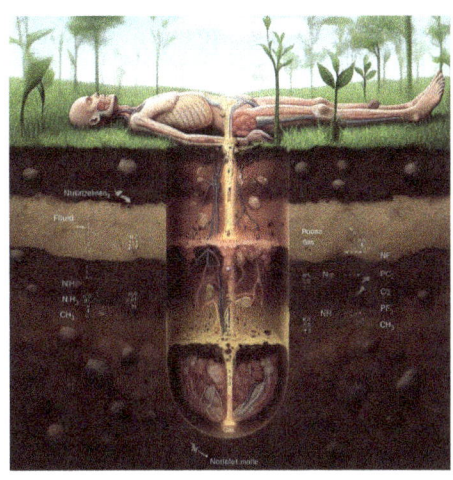

7.2.1. Temperatur- und Feuchtigkeitsbedingungen

Einfluss der Temperatur:

Die Zersetzungsgeschwindigkeit ist stark temperaturabhängig. Hohe Temperaturen beschleunigen die mikrobielle Aktivität und enzymatische Prozesse, während niedrige Temperaturen die Zersetzung verlangsamen. Dies hat Auswirkungen auf die Geschwindigkeit der Humusbildung und die Nährstoffverfügbarkeit.

Die Temperatur spielt eine entscheidende Rolle bei der Zersetzung organischer Materialien im Boden. Bei höheren Temperaturen wird die mikrobielle Aktivität intensiviert, da Mikroorganismen in wärmeren Umgebungen schneller wachsen und sich vermehren. Enzyme, die von Mikroorganismen produziert werden, arbeiten effizienter bei höheren Temperaturen, wodurch der Abbau komplexer organischer Substanzen beschleunigt wird. Dies führt zu einer schnelleren Freisetzung von Nährstoffen und einer schnelleren Bildung von Humus. In tropischen Regionen beispielsweise, wo die Temperaturen konstant hoch sind, ist die Zersetzungsrate wesentlich höher als in kälteren Klimazonen.

Im Gegensatz dazu verlangsamen niedrige Temperaturen die Aktivität der Mikroorganismen und die enzymatischen Prozesse, die für die Zersetzung notwendig sind. In kälteren Regionen oder während der Wintermonate in gemäßigten Klimazonen wird der Abbau organischer Substanzen stark reduziert. Dies führt zu einer langsameren Freisetzung von Nährstoffen und einer längeren Verweildauer organischer Materialien im Boden. Die langsame Zersetzung in kalten Umgebungen kann dazu führen, dass sich organische Substanzen, wie Laub und Holz, über Jahre hinweg ansammeln und nur langsam in Humus umgewandelt werden.

Die Temperaturabhängigkeit der Zersetzung hat auch direkte Auswirkungen auf die Nährstoffverfügbarkeit im Boden. In warmen Perioden und Regionen steht den Pflanzen schneller eine größere Menge an Nährstoffen zur Verfügung, da die Zersetzung zügiger erfolgt. Dies kann zu einem üppigen Pflanzenwachstum führen, sofern auch andere Wachstumsfaktoren wie Wasser und Licht ausreichend vorhanden sind. In kälteren Perioden hingegen kann die reduzierte Nährstofffreisetzung das Pflanzenwachstum einschränken, da weniger Nährstoffe verfügbar sind.

Zusätzlich zur direkten Beeinflussung der Zersetzungsrate durch die Temperatur gibt es auch saisonale Schwankungen, die sich auf die mikrobielle Aktivität auswirken. In gemäßigten Klimazonen, wo die Temperaturen stark zwischen Sommer und Winter schwanken, sind die Zersetzungsprozesse im Sommer deutlich aktiver. Diese saisonalen Unterschiede beeinflussen die jährliche Nährstoffdynamik im Boden und damit auch das Wachstum der Pflanzen und die Bodenfruchtbarkeit.

Feuchtigkeitsverhältnisse:

Die Feuchtigkeit beeinflusst die Zersetzungsprozesse erheblich. Hohe Feuchtigkeit fördert die mikrobielle Aktivität und den Abbau organischer Materialien, während trockene Bedingungen die Zersetzung verlangsamen und zur Bildung von trockenen, weniger zersetzten Materialien führen können.

Die Feuchtigkeit im Boden ist ein weiterer entscheidender Faktor, der die Zersetzungsprozesse stark beeinflusst. Wasser ist notwendig für die meisten biologischen und chemischen Prozesse, einschließlich der Aktivitäten von Mikroorganismen, die an der Zersetzung beteiligt sind. In feuchten Böden können Mikroben effizient arbeiten, da sie das Wasser benötigen, um Nährstoffe aufzunehmen und Stoffwechselprozesse durchzuführen. Hohe Feuchtigkeit fördert daher die mikrobielle Aktivität und beschleunigt den Abbau von organischem Material.

In Regionen mit hoher Feuchtigkeit, wie in tropischen Regenwäldern oder gemäßigten Wäldern während der Regenzeiten, erfolgt die Zersetzung sehr schnell. Organische Materialien wie Blätter, abgestorbene Pflanzen und Tiere werden rasch zersetzt, und die freigesetzten Nährstoffe stehen den Pflanzen schnell wieder zur Verfügung. Dies führt zu einer hohen Bodenfruchtbarkeit und unterstützt ein dichtes und vielfältiges Pflanzenwachstum.

Dagegen verlangsamt sich die Zersetzung unter trockenen Bedingungen erheblich. In ariden und semiariden Regionen, wo Wasser knapp ist, sind die mikrobiellen Aktivitäten und enzymatischen Prozesse stark eingeschränkt. Organische Materialien bleiben länger unverändert im Boden, und die Freisetzung von Nährstoffen erfolgt viel langsamer. Dies kann zu einer Anhäufung von wenig zersetzten organischen Materialien führen, die erst bei ausreichender Feuchtigkeit weiter abgebaut werden. Die langsame Zersetzung in trockenen Gebieten beeinträchtigt die Bodenfruchtbarkeit und kann das Pflanzenwachstum stark einschränken.

Die Feuchtigkeit hat auch indirekte Auswirkungen auf die Bodentemperatur und damit auf die Zersetzungsprozesse. Feuchte Böden neigen dazu, eine stabilere Temperatur zu haben, da Wasser Wärme speichern und transportieren kann. Dies kann die Temperaturfluktuationen im Boden reduzieren und eine konstantere Umgebung für mikrobielles Wachstum schaffen. Trockene Böden hingegen erwärmen und kühlen sich schneller, was zu stärkeren Temperaturschwankungen führen kann und die mikrobiellen Aktivitäten weiter beeinträchtigt.

Zusammenfassend lässt sich sagen, dass sowohl Temperatur als auch Feuchtigkeit entscheidende physikalische Faktoren sind, die die Zersetzung organischer Materialien im Boden beeinflussen. Ihre Kombination bestimmt die Effizienz und Geschwindigkeit der Zersetzungsprozesse, die Bildung von Humus und die Verfügbarkeit von Nährstoffen für Pflanzen. Ein tieferes Verständnis dieser Faktoren und ihrer Wechselwirkungen ist entscheidend für die nachhaltige Bodenbewirtschaftung und die Förderung der Bodenfruchtbarkeit in verschiedenen Klimazonen.

7.2.2. Physikalische Verwitterungsprozesse

Mechanische Verwitterung:

Physikalische Prozesse wie Frostsprengung und thermische Verwitterung können die Zersetzung von organischem Material beeinflussen. Diese Prozesse zerbrechen das Material in kleinere Stücke, die von Mikroben leichter abgebaut werden können.

Mechanische Verwitterung spielt eine wesentliche Rolle im Zersetzungsprozess, indem sie das organische Material physisch aufbricht und damit die Oberfläche vergrößert, an der Mikroben angreifen können. Ein klassisches Beispiel ist die Frostsprengung, bei der Wasser in den Poren von organischem Material gefriert und sich ausdehnt. Dieses Ausdehnen führt zu Spannungen im Material, die es schließlich in kleinere Fragmente zerbrechen. Diese kleineren Stücke bieten eine größere Oberfläche für mikrobiellen Abbau und beschleunigen somit die Zersetzung.

Ein weiteres Beispiel für mechanische Verwitterung ist die thermische Verwitterung, bei der Temperaturwechsel zu einer Ausdehnung und Kontraktion von organischem Material führen. Diese ständigen Veränderungen können Risse und Spalten erzeugen, die das Material weiter zerbrechen. Besonders in Wüsten- und Hochgebirgsregionen, wo die Temperaturunterschiede zwischen Tag und Nacht extrem sein können, spielt thermische Verwitterung eine wichtige Rolle. Durch die Zerkleinerung des Materials wird es für Mikroorganismen leichter zugänglich, was die mikrobiellen Abbauprozesse unterstützt und beschleunigt.

Die mechanische Verwitterung ist nicht nur auf große, sichtbare Stücke organischen Materials beschränkt. Auch auf mikroskopischer Ebene können mechanische Kräfte wirken. Beispielsweise können Wurzeln von Pflanzen, die in kleinste Risse und Spalten eindringen, das Material physisch auseinander drücken, was ebenfalls zur Fragmentierung und damit zur Erhöhung der Zersetzungsrate beiträgt. Ebenso können Bodenorganismen wie Regenwürmer und Insekten durch ihre Bewegungen das Material mechanisch zerkleinern und verteilen, wodurch es für Mikroben leichter zugänglich wird.

Durch die Fragmentierung organischer Materialien wird nicht nur die Zersetzung beschleunigt, sondern auch die Freisetzung von eingeschlossenen Nährstoffen erleichtert. Die größere Oberfläche ermöglicht eine intensivere mikrobielle Aktivität und eine schnellere Umwandlung des Materials in humusbildende Substanzen. Dies führt zu einer effizienteren Nährstofffreisetzung, die für das Pflanzenwachstum von entscheidender Bedeutung ist.

Chemische Verwitterung:

Chemische Verwitterungsprozesse, wie die Reaktion von organischen Materialien mit Sauerstoff und Wasser, tragen zur weiteren Zersetzung und Mineralisierung bei. Diese Prozesse können die Freisetzung von Nährstoffen und die Bodenstruktur beeinflussen.

Die chemische Verwitterung ergänzt die mechanische Verwitterung, indem sie organische Materialien auf molekularer Ebene abbaut. Eine der wichtigsten chemischen Verwitterungsprozesse ist die Oxidation, bei der organische Verbindungen mit Sauerstoff reagieren. Diese Reaktionen führen oft zur Bildung von neuen Verbindungen, die leichter zersetzt werden können, und zur Freisetzung von Nährstoffen wie Kohlenstoff, Stickstoff und Schwefel in Formen, die für Pflanzen verfügbar sind.

Wasser spielt eine zentrale Rolle in vielen chemischen Verwitterungsprozessen. Hydrolyse, bei der Wasser chemische Bindungen in organischen Molekülen bricht, ist ein häufiger Mechanismus, der zur Zersetzung beiträgt. Wasser kann auch als Lösungsmittel wirken und dabei helfen, gelöste Nährstoffe durch den Boden zu transportieren, wodurch sie für Pflanzenwurzeln besser erreichbar werden. In feuchten Umgebungen sind diese chemischen Prozesse besonders aktiv, da das Vorhandensein von Wasser die Reaktionsgeschwindigkeit erhöht und die Verfügbarkeit von Nährstoffen verbessert.

Ein weiteres Beispiel für chemische Verwitterung ist die Säureverwitterung. Organische Säuren, die von Pflanzenwurzeln und Mikroorganismen produziert werden, können mineralische und organische Komponenten des Bodens angreifen. Diese Säuren brechen chemische Bindungen und setzen Nährstoffe frei, die dann von Pflanzen aufgenommen werden können. Die Wirkung von organischen Säuren ist besonders in sauren Böden von Bedeutung, wo sie die Verfügbarkeit von Nährstoffen erhöhen und die Bodenstruktur verbessern können.

Chemische Verwitterung trägt auch zur Mineralisierung bei, einem Prozess, bei dem organische Substanzen in anorganische Mineralien umgewandelt werden. Dies ist ein entscheidender Schritt im Nährstoffkreislauf, da Pflanzen nur anorganische Nährstoffe aufnehmen können. Durch die Mineralisierung werden wichtige Nährstoffe wie Phosphor und Kalium in Formen umgewandelt, die für das Pflanzenwachstum zugänglich sind. Die Geschwindigkeit und Effizienz dieser Prozesse hängen stark von den chemischen Eigenschaften des Bodens und der vorhandenen organischen Materialien ab.

Zusätzlich zur Nährstofffreisetzung beeinflussen chemische Verwitterungsprozesse auch die Bodenstruktur. Durch die Umwandlung von organischem Material in stabile Humusverbindungen wird die Aggregation von Bodenpartikeln gefördert, was die Bodenstruktur verbessert und die Wasserhaltekapazität erhöht. Ein gut strukturierter Boden ist weniger anfällig für Erosion und bietet bessere Wachstumsbedingungen für Pflanzen, da er Wasser und Nährstoffe effizient speichert und transportiert.

Zusammenfassend lässt sich sagen, dass mechanische und chemische Verwitterungsprozesse entscheidende Rollen im Zersetzungsprozess spielen. Sie arbeiten oft Hand in Hand, um organisches Material in Formen zu zerlegen, die für Mikroorganismen leichter abbaubar sind. Dies führt zur effizienten Freisetzung und Umwandlung von Nährstoffen, die für das Pflanzenwachstum und die Bodenfruchtbarkeit unerlässlich sind. Ein tieferes Verständnis dieser Prozesse kann helfen, nachhaltige Bodenbewirtschaftungspraktiken zu entwickeln, die die Bodenqualität und die ökologische Gesundheit langfristig fördern.

7.2.3. Energieübertragung und -verlust

Energieumwandlung:

Während der Zersetzung werden chemische Energie und gespeicherte Energie in Form von Wärme und Gasen freigesetzt. Die Energie wird von Mikroben und Bodenlebewesen genutzt und trägt zur Erwärmung des Bodens und zur Veränderung der Bodenchemie bei.

Die Zersetzung organischer Materialien ist nicht nur ein biologischer Prozess, sondern auch ein energetischer. Beim Abbau von organischem Material, wie pflanzlichen oder tierischen Überresten, werden chemische Bindungen aufgebrochen, was zur Freisetzung von gespeicherter Energie führt. Diese Energie wird in Form von Wärme und Gasen wie Kohlenstoffdioxid (CO_2), Methan (CH_4) und Ammoniak (NH_3) freigesetzt.

Die chemische Energie, die in den organischen Substanzen gespeichert ist, wird durch die Aktivität von Mikroben, Enzymen und chemischen Reaktionen umgewandelt. Mikroorganismen, die für die Zersetzung verantwortlich sind, nutzen diese Energie, um ihre eigenen Lebensprozesse zu unterstützen, einschließlich Wachstum, Fortpflanzung und Stoffwechsel. Während dieses Prozesses werden einige der im Material enthaltenen Verbindungen abgebaut und in einfachere Formen umgewandelt, wobei Energie freigesetzt wird, die als Wärme im Boden verbleibt.

Diese freigesetzte Wärme kann den Temperaturhaushalt des Bodens beeinflussen. Besonders in isolierten oder geschlossenen Systemen, wie Komposthaufen oder Abfallhalden, kann die Wärmefreisetzung signifikant sein. Hier können Temperaturen durch die Zersetzungsaktivität stark ansteigen, was zur Erwärmung des Materials beiträgt. Diese erhöhte Temperatur kann wiederum die mikrobielle Aktivität fördern und die Zersetzung beschleunigen, was zu einem sich selbst verstärkenden Prozess führt. In solchen Systemen ist das Verständnis der Energieumwandlung entscheidend für die effektive Steuerung und Optimierung der Zersetzungsprozesse, um beispielsweise einen optimalen Kompostierungsprozess zu gewährleisten.

Neben der Wärmefreisetzung entstehen auch Gase wie Kohlenstoffdioxid und Methan. Diese Gase sind Produkte der mikrobiellen Atmung und der anaeroben Zersetzung. Kohlenstoffdioxid wird durch aerobe Zersetzungsprozesse erzeugt, bei denen Mikroben organisches Material in Gegenwart von Sauerstoff abbauen. Methan wird vor allem in anaeroben Bedingungen produziert, wie sie in stark verdichteten oder wasserstauenden Böden auftreten können. Die Menge und Art der freigesetzten Gase hängen von den spezifischen Bedingungen der Zersetzung ab, einschließlich der Verfügbarkeit von Sauerstoff und der Art des abgebauten Materials.

Die Freisetzung von Gasen hat Auswirkungen auf die Bodenchemie und die Umwelt. Kohlenstoffdioxid trägt zur Erhöhung der atmosphärischen CO2-Konzentration bei, was im Kontext des globalen Klimawandels von Bedeutung ist. Methan ist ein noch wirksameres Treibhausgas, das eine wesentlich stärkere Wirkung auf die Erderwärmung hat als CO2. Daher ist das Management der Zersetzung, insbesondere in großflächigen organischen Abfalllagern, wichtig, um die Emissionen dieser Gase zu kontrollieren und ihre Umweltauswirkungen zu minimieren.

Wärmefreisetzung:

Die Zersetzung erzeugt Wärme, die den Temperaturhaushalt des Bodens beeinflussen kann. Dies kann insbesondere in isolierten oder geschlossenen Systemen wie Komposthaufen oder Abfallhalden von Bedeutung sein.

Die Wärmefreisetzung durch die Zersetzung hat weitreichende Auswirkungen auf den Temperaturhaushalt des Bodens. In isolierten oder geschlossenen Systemen wie Komposthaufen, Biogasanlagen oder Abfallhalden kann die Wärme, die durch die mikrobiellen Aktivitäten erzeugt wird, erheblich ansteigen. Diese Wärmeerzeugung ist eine direkte Folge der Energieumwandlung, die während der Zersetzung stattfindet.

In einem Komposthaufen beispielsweise kann die Temperatur innerhalb des Haufens durch die exotherme Reaktion der Zersetzung auf mehrere Dutzend Grad Celsius ansteigen. Diese Wärme kann die Umgebungstemperatur des Komposts deutlich erhöhen und hat verschiedene Effekte. Hohe Temperaturen fördern die Aktivität thermophiler Mikroben, die für den schnellen Abbau von organischem Material verantwortlich sind und gleichzeitig weitere Wärme erzeugen. Dieser Prozess beschleunigt die Zersetzung und kann die Qualität des Komposts verbessern, indem unerwünschte Krankheitserreger abgetötet werden.

Ein weiterer Effekt der Wärmefreisetzung ist die Veränderung der Bodenstruktur und -chemie. Die erhöhte Temperatur kann die physikalischen Eigenschaften des Bodens verändern, indem sie beispielsweise die Verdunstung von Wasser fördert und die Bodenfeuchtigkeit reduziert. Diese Veränderungen können die biologische Aktivität im Boden beeinflussen, indem sie die mikrobielle Gemeinschaft und deren Fähigkeit zur weiteren Zersetzung von organischem Material beeinflussen. Die Wärme kann auch die Verfügbarkeit von Nährstoffen beeinflussen, da sie die chemischen Reaktionen im Boden beschleunigt, die zur Freisetzung von Nährstoffen führen.

In Abfallhalden kann die Wärmefreisetzung ebenfalls signifikante Auswirkungen haben. Hier kann die Temperaturerhöhung die Stabilität der Abfallstruktur beeinflussen und das Potenzial für den Gasaustausch erhöhen. In vielen modernen Abfallmanagement Systemen werden spezielle Maßnahmen getroffen, um die Wärmeentwicklung zu kontrollieren und sicherzustellen, dass die Zersetzung effizient und umweltfreundlich abläuft. Dazu gehört das regelmäßige Wenden des Materials, um die Temperatur zu regulieren, und die Überwachung der Wärmeentwicklung, um die Bildung von übermäßigem Methan zu vermeiden.

Zusammenfassend lässt sich sagen, dass die Energieübertragung und -verluste während der Zersetzung komplexe Wechselwirkungen zwischen Wärme- und Gasfreisetzung umfassen. Diese Prozesse beeinflussen nicht nur die Effizienz der Zersetzung, sondern haben auch weitreichende Auswirkungen auf die Bodenchemie, die Bodenstruktur und die Umwelt. Ein umfassendes Verständnis dieser Prozesse ist entscheidend für das effektive Management von organischen Abfällen und die Optimierung von Zersetzungsprozessen in verschiedenen Systemen.

7.2.4. Auswirkungen auf die Bodenphysik

Bodenstruktur:

Die Zersetzung beeinflusst die physikalische Struktur des Bodens erheblich. Der Abbau von organischem Material führt zur Bildung von Humus, der die Bodenstruktur verbessert und die Aggregatbildung fördert.

Die physikalische Struktur des Bodens ist entscheidend für die Bodenfruchtbarkeit und die Funktionalität des Ökosystems. Während der Zersetzung organischer Materialien, wie abgestorbener Pflanzenreste, Laub und andere organische Substanzen, werden diese Materialien in kleinere Partikel zerlegt und umgewandelt. Dies geschieht durch die Aktivität von Mikroben, Pilzen, und anderen Bodenorganismen, die das organische Material abbauen und umwandeln.

Der Prozess der Humusbildung ist besonders wichtig für die Verbesserung der Bodenstruktur. Humus, die stabile organische Substanz, die aus dem Abbau von organischem Material resultiert, hat mehrere vorteilhafte Eigenschaften. Er wirkt als Bindemittel, das Bodenpartikel zusammenhält und die Aggregatbildung fördert. Diese Aggregatbildung resultiert in einer lockeren, krümeligen Struktur des Bodens, die für eine gute Belüftung sorgt und das Wurzelwachstum unterstützt.

Durch die Bildung von Aggregaten wird die Bodenstruktur stabiler und widerstandsfähiger gegenüber physikalischen Erosionsprozessen. Die Aggregatbildung erhöht die Festigkeit des Bodens, wodurch er weniger anfällig für Erosion durch Wind und Wasser wird. Dies trägt zur Erhaltung der oberen Bodenschicht bei und schützt die Bodenfruchtbarkeit vor dem Verlust durch Abtragung.

Zusätzlich verbessert Humus die Bodenstruktur, indem er die Porosität des Bodens erhöht. Dies bedeutet, dass der Boden mehr Hohlräume enthält, die die Luftzirkulation fördern und eine bessere Durchlüftung ermöglichen. Diese erhöhte Porosität sorgt für optimale Bedingungen für das Wachstum von Pflanzenwurzeln und die Aktivität von Bodenorganismen. Ein gut strukturierter Boden mit ausreichender Porosität erleichtert auch die mechanische Bearbeitung, was in der Landwirtschaft von großer Bedeutung ist.

Wasserspeicherung:

Der Gehalt an organischer Substanz und Humus beeinflusst die Wasserspeicherfähigkeit des Bodens. Eine höhere Humus-konzentration führt zu besserer Wasserretention und reduziertem Oberflächenabfluss.

Die Fähigkeit eines Bodens, Wasser zu speichern, ist ein entscheidender Faktor für die Pflanzenversorgung und die allgemeine Bodenqualität. Humus, das Endprodukt der Zersetzung organischer Materialien, hat eine außergewöhnliche Fähigkeit, Wasser zu halten. Dies liegt daran, dass Humus eine hohe spezifische Oberfläche und eine starke Fähigkeit zur Wasserbindung besitzt. Diese Eigenschaften ermöglichen es dem Boden, mehr Wasser zu speichern und gleichzeitig den Verlust durch Verdunstung und Abfluss zu minimieren.

Böden, die reich an Humus sind, können größere Mengen Wasser aufnehmen und halten. Dies führt zu einer verbesserten Wasserversorgung für Pflanzen, insbesondere in trockenen Perioden oder während Trockenzeiten. Eine höhere Wasserspeicherkapazität reduziert die Notwendigkeit für häufiges Bewässern und kann zur Verringerung der Bewässerungskosten in der Landwirtschaft beitragen. Zudem verbessert eine gute Wasserspeicherung die Widerstandsfähigkeit der Pflanzen gegenüber Trockenstress und erhöht die allgemeine Produktivität der landwirtschaftlichen Flächen.

Ein weiterer Vorteil der erhöhten Wasserspeicherfähigkeit ist die Reduzierung des Oberflächenabflusses. Wenn der Boden mehr Wasser aufnehmen kann, gibt es weniger überschüssiges Wasser, das an der Oberfläche abfließt. Dies reduziert das Risiko von Erosion und Bodenabtrag, da weniger Wasser die obersten Bodenschichten wegspült. Weniger Oberflächenabfluss bedeutet auch eine bessere Wasserverfügbarkeit für die Pflanzenwurzeln, da mehr Wasser im Boden gespeichert wird und nicht als Abfluss verloren geht.

Die Fähigkeit des Bodens, Wasser zu speichern, wird auch durch die Porosität beeinflusst, die durch die Humusbildung verbessert wird. Humus trägt zur Bildung von Bodenaggregaten bei, die die Porosität erhöhen und damit die Wasseraufnahmefähigkeit des Bodens verbessern. Diese Verbesserung der Porosität und Wasserspeicherung hat nicht nur positive Auswirkungen auf die Pflanzenversorgung, sondern auch auf die ökologische Stabilität des Bodens.

Zusammenfassung:

Zusammenfassend lässt sich sagen, dass die Zersetzung organischen Materials weitreichende Auswirkungen auf die physikalischen

Eigenschaften des Bodens hat. Die Bildung von Humus verbessert die Bodenstruktur durch Aggregatbildung und erhöht die Porosität. Gleichzeitig verbessert eine höhere Humuskonzentration die Wasserspeicherfähigkeit des Bodens, was zu besserer Wasserretention und reduziertem Oberflächenabfluss führt. Diese physikalischen Veränderungen tragen zu einer besseren Bodenqualität, einer erhöhten Pflanzenproduktivität und einer höheren Widerstandsfähigkeit gegenüber Erosion und Trockenstress bei. Ein tieferes Verständnis dieser Prozesse ist wichtig für die effektive Bewirtschaftung und Erhaltung der Bodenressourcen.

7.3. Praktische Anwendungen und Forschung

7.3.1. Landwirtschaftliche Nutzung

Kompostierung:

Die bewusste Anwendung von Zersetzungsprozessen in der Kompostierung verbessert die Bodenfruchtbarkeit und Nährstoffversorgung. Kompostierung nutzt kontrollierte Zersetzungsprozesse, um wertvolle organische Substanzen zu erzeugen, die in der Landwirtschaft verwendet werden können.

Kompostierung ist ein praktisches Beispiel für die Nutzung natürlicher Zersetzungsprozesse zur Verbesserung der Bodenqualität. Bei der Kompostierung wird eine Mischung aus organischen Materialien, wie Küchenabfällen, Gartenabfällen und landwirtschaftlichen Reststoffen, in einem kontrollierten Umfeld abgebaut. Dies erfolgt unter sorgfältig gesteuerten Bedingungen hinsichtlich Temperatur, Feuchtigkeit und Belüftung, um die Mikrobenaktivität zu optimieren und eine effiziente Zersetzung zu gewährleisten.

Durch die Kompostierung werden komplexe organische Verbindungen in einfachere, stabilere Formen umgewandelt, die als Humus bekannt sind. Dieser Humus ist reich an Nährstoffen und hat hervorragende Eigenschaften zur Verbesserung der Bodenstruktur. Er erhöht die Bodenaggregation, was die Porosität und damit die Wasserhaltekapazität des Bodens verbessert. Dies fördert ein gesundes Wurzelwachstum und steigert die Pflanzenproduktivität.

Ein weiterer Vorteil der Kompostierung ist die Reduzierung des Abfallvolumens, da organische Abfälle in nützlichen Kompost umgewandelt werden. Dies reduziert die Menge an Abfällen, die auf

Deponien gelangen, und hilft, die Umweltbelastung durch Abfallentsorgung zu verringern. Zudem wird während des Kompostierungsprozesses eine erhebliche Menge an Energie freigesetzt, die dazu beitragen kann, das Wachstum von Mikroben zu fördern, die weiter zur Nährstofffreisetzung und Bodenverbesserung beitragen.

Die Qualität des Komposts hängt stark von den verwendeten Ausgangsmaterialien und den Bedingungen während des Kompostierungsprozesses ab. Eine sorgfältige Auswahl der Materialien, eine regelmäßige Umwälzung und die Kontrolle der Feuchtigkeit sind entscheidend, um einen hochwertigen Kompost zu produzieren, der reich an Nährstoffen ist und die gewünschte Wirkung auf den Boden hat.

Kompostierung ist auch ein wichtiges Werkzeug in der ökologischen Landwirtschaft. Durch die Verwendung von selbst erzeugtem Kompost können Landwirte die Abhängigkeit von chemischen Düngemitteln reduzieren und nachhaltigere Anbaumethoden verfolgen. Dies trägt nicht nur zur Verbesserung der Bodenqualität bei, sondern fördert auch die ökologische Balance und die langfristige Gesundheit des Anbausystems.

Bodenmanagement:

Ein tiefes Verständnis der Zersetzung und ihrer Auswirkungen auf den Boden hilft bei der Entwicklung nachhaltiger Bodenbewirtschaftungspraktiken, die die Bodenfruchtbarkeit und Gesundheit langfristig erhalten.

Das Wissen über die Zersetzungsprozesse ist entscheidend für das effektive Bodenmanagement, da es direkt in die Gestaltung nachhaltiger Bewirtschaftungsstrategien einfließt. Nachhaltiges Bodenmanagement berücksichtigt die natürlichen Zersetzungsprozesse und nutzt sie, um die Bodenfruchtbarkeit zu erhalten und zu verbessern. Dazu gehören Praktiken wie die gezielte Anwendung von organischen Düngemitteln, das Mulchen und der Anbau von Deckfrüchten.

Organische Düngemittel wie Kompost oder Mist verbessern die Bodenfruchtbarkeit, indem sie kontinuierlich Nährstoffe freisetzen und die Bildung von Humus fördern. Diese Nährstoffe stehen den Pflanzen zur Verfügung und tragen dazu bei, den Boden gesund und produktiv zu halten. Das Mulchen, bei dem eine Schicht organischen Materials auf der Bodenoberfläche ausgebracht wird, schützt den Boden vor Erosion, reduziert die Verdunstung und trägt zur Humusbildung bei.

Der Anbau von Deckfrüchten oder Begrünungspflanzen ist eine weitere nachhaltige Praxis, die den Boden verbessert. Diese Pflanzen, die zwischen den Hauptanbauperioden oder als Vorfrucht angebaut werden, tragen zur Erhöhung des organischen Materials im Boden bei, verbessern die Struktur und fördern die Zersetzung. Sie können auch helfen, Nährstoffe im Boden zu speichern und die Bodenstruktur zu stabilisieren, was die Erosion verringert und die Wasserhaltekapazität des Bodens erhöht.

Ein umfassendes Verständnis der Zersetzungsprozesse ermöglicht es Landwirten auch, gezielte Maßnahmen zur Vermeidung von Bodenerosion und Nährstoffverlust zu ergreifen. Durch die richtige Auswahl und Anwendung von Bewirtschaftungspraktiken kann der Boden stabilisiert und die Nährstoffversorgung optimiert werden, was zu einer erhöhten Produktivität und Nachhaltigkeit der Landwirtschaft führt.

Forschung in diesem Bereich untersucht kontinuierlich neue Ansätze und Technologien zur Verbesserung der Bodenbewirtschaftung. Dazu gehört die Entwicklung innovativer Kompostierungsmethoden, die Verwendung neuer Arten von organischen Düngemitteln und die Untersuchung der Auswirkungen verschiedener Bewirtschaftungspraktiken auf die Bodenqualität. Diese Forschung trägt dazu bei, fundierte Empfehlungen für Landwirte zu entwickeln und nachhaltige Lösungen für Herausforderungen im Bodenmanagement zu finden.

Zusammenfassung:

Zusammenfassend lässt sich sagen, dass die Anwendung der Prinzipien der Zersetzung in der Landwirtschaft entscheidend für die Verbesserung der Bodenfruchtbarkeit und Nachhaltigkeit ist. Durch gezielte Kompostierung und durchdachtes Bodenmanagement können Landwirte die Bodenqualität erhalten, die Produktivität steigern und umweltfreundliche Anbaumethoden fördern. Ein kontinuierliches Verständnis und eine weitere Forschung in diesem Bereich sind unerlässlich, um die besten Praktiken zu identifizieren und die nachhaltige Bewirtschaftung von Böden langfristig zu sichern.

7.3.2. Umweltforschung

Kohlenstoffbilanzen:

Die Untersuchung der Zersetzung hilft bei der Einschätzung der Kohlenstoffbilanzen und der Rolle des Bodens in der globalen Kohlenstoffspeicherung. Diese Informationen sind wichtig für das Verständnis der Auswirkungen auf das Klima und die Entwicklung von Klimaschutzstrategien.

Die Rolle der Zersetzung im Kohlenstoffkreislauf ist von zentraler Bedeutung für das Verständnis der globalen Kohlenstoffbilanzen. Die Zersetzung von organischem Material im Boden beeinflusst, wie Kohlenstoff in Form von CO_2 oder als stabiler Humus gespeichert wird. Durch die Untersuchung dieser Prozesse können Wissenschaftler die Mengen an Kohlenstoff erfassen, die durch biologische Aktivitäten im Boden freigesetzt oder gebunden werden. Dies ist entscheidend für die genaue Modellierung der Kohlenstoffbilanzen auf regionaler und globaler Ebene.

Der Kohlenstoffgehalt im Boden ist ein wichtiger Indikator für die Bodenqualität und seine Fähigkeit, als Kohlenstoffsenke zu fungieren. Durch die Zersetzung wird organisches Material abgebaut und Kohlenstoff in den Boden eingelagert, wobei ein Teil als CO_2 freigesetzt wird, während ein anderer Teil in stabilen Formen wie Humus verbleibt. Die Fähigkeit eines Bodens, Kohlenstoff zu speichern, beeinflusst seine Rolle im globalen Kohlenstoffkreislauf und hat direkte Auswirkungen auf die Klimamodelle, die die Erderwärmung vorhersagen.

Die Forschung konzentriert sich auch auf die Auswirkungen unterschiedlicher Bewirtschaftungspraktiken auf die Kohlenstoffspeicherung im Boden. Zum Beispiel zeigen Studien, dass bestimmte Anbaumethoden, wie reduzierte Bodenbearbeitung oder der Einsatz von organischen Düngemitteln, die Fähigkeit des Bodens zur Kohlenstoffspeicherung verbessern können. Das Verständnis dieser Zusammenhänge ermöglicht die Entwicklung gezielter Klimaschutzstrategien, die darauf abzielen, die Kohlenstoffemissionen zu minimieren und die Kohlenstoffbindung im Boden zu maximieren.

Zusätzlich wird untersucht, wie verschiedene Bodenarten und Klimabedingungen die Zersetzungsprozesse und damit die Kohlenstoffdynamik beeinflussen. Diese Erkenntnisse sind entscheidend für die Entwicklung präziser Klimamodelle und die Formulierung von Richtlinien zur Reduzierung von Treibhausgasemissionen. Die Forschung liefert auch wichtige Informationen für die Umsetzung von Maßnahmen zur Kohlenstoffbindung, die in internationalen Klimaschutzabkommen wie dem Pariser Abkommen eine zentrale Rolle spielen.

Bodenrekonstruktion:

Forschung zur Zersetzung und deren Auswirkungen auf den Boden trägt zur Wiederherstellung und Rekonstruktion von Böden bei, die durch Erosion, Verschmutzung oder andere Umweltschäden beeinträchtigt wurden.

Die Wiederherstellung von Böden, die durch Erosion, Verschmutzung oder andere Umweltbelastungen beeinträchtigt wurden, ist ein wesentlicher Aspekt der Umweltforschung. Die Zersetzung spielt hierbei eine Schlüsselrolle, da sie den natürlichen Prozess der Bodenregeneration unterstützt und zur Bildung von Humus beiträgt, der für die Wiederherstellung der Bodenfruchtbarkeit unerlässlich ist.

Erosionsbedingte Bodenschäden, wie der Verlust von Oberboden oder die Verringerung der Bodenqualität, können durch gezielte Bodenrekonstruktionsmaßnahmen behandelt werden. Diese Maßnahmen umfassen oft das Einbringen von organischen Materialien, um die Zersetzungsprozesse zu fördern und die Bildung von Humus zu unterstützen. In Bereichen, die stark verschmutzt sind oder durch industrielle Aktivitäten beeinträchtigt wurden, kann die Anwendung von speziellen Komposten oder anderen organischen Amendments helfen, die Bodenstruktur zu verbessern und die Schadstoffe abzubauen.

Forschung im Bereich der Bodenrekonstruktion untersucht auch die besten Techniken zur Wiederherstellung der Bodenfunktionen und zur Erhöhung der ökologischen Widerstandsfähigkeit. Beispielsweise wird erforscht, wie Pflanzenbeete und Deckfrüchte zur Wiederherstellung von degradierten Böden beitragen können, indem sie den Zersetzungsprozess fördern und die Humusbildung anregen. Diese Pflanzen können auch dazu beitragen, die Bodenstruktur zu stabilisieren und die Erosion zu verringern, indem sie die Bodenpartikel festhalten und die Wurzeln die Struktur unterstützen.

Zusätzlich werden innovative Ansätze zur Rekonstruktion von Böden entwickelt, die die biologische Aktivität fördern und die langfristige Bodenqualität sicherstellen. Dazu gehören Techniken wie die Anwendung von Bio-Kohle oder die Integration von Mikroben zur Unterstützung der Zersetzungsprozesse und der Nährstoffaufnahme. Diese Technologien haben das Potenzial, die Effizienz der Bodenwiederherstellung zu verbessern und gleichzeitig die Umweltbelastung zu reduzieren.

Die Forschung zur Bodenrekonstruktion ist auch eng mit den Bemühungen zur Erhaltung der Biodiversität und der Wiederherstellung von Lebensräumen verknüpft. Die Verbesserung der Bodenqualität und die Wiederherstellung natürlicher Bodenfunktionen tragen zur Schaffung gesunder Lebensräume für Pflanzen und Tiere bei, die auf stabile und fruchtbare Böden angewiesen sind. Dies unterstützt nicht nur die ökologische Balance, sondern fördert auch die nachhaltige Nutzung der Landressourcen.

Insgesamt spielen die Zersetzung und die damit verbundenen Prozesse eine zentrale Rolle bei der Umweltforschung. Das Verständnis der Kohlenstoffbilanzen und der Bodenrekonstruktionsprozesse ist entscheidend für die Entwicklung effektiver Klimaschutzstrategien und die Wiederherstellung geschädigter Böden. Die kontinuierliche Forschung in diesen Bereichen liefert wertvolle Erkenntnisse und trägt zur nachhaltigen Nutzung und Erhaltung der Bodenressourcen bei.

7.4. Zusammenfassung

Die Zersetzung ist ein grundlegender Prozess mit tiefgreifenden Auswirkungen auf ökologische und physikalische Systeme. Ihre Rolle erstreckt sich über verschiedene Dimensionen der Umwelt, einschließlich der Nährstoffkreisläufe, der Bodenbiologie und des Pflanzenwachstums, sowie der physikalischen Bedingungen wie Temperatur- und Feuchtigkeitsverhältnisse, Verwitterung und Energieübertragung. Diese weitreichenden Einflüsse machen ein umfassendes Verständnis der Zersetzung zu einem Schlüssel für die nachhaltige Bewirtschaftung von Böden, die Verbesserung landwirtschaftlicher Praktiken und die Erforschung von Umweltveränderungen.

Ökologische Perspektiven der Zersetzung:

Ökologisch gesehen ist die Zersetzung von zentraler Bedeutung für die Nährstoffkreisläufe. Sie sorgt dafür, dass Nährstoffe wie Stickstoff, Phosphor und Kalium aus totem organischem Material wieder in den Boden zurückgeführt werden, wo sie von Pflanzen aufgenommen werden können. Dieser Prozess fördert die Humusbildung, die die Bodenfruchtbarkeit erhöht und als Puffer wirkt, der Nährstoffe speichert und für Pflanzen langfristig verfügbar macht. Dies trägt zu einem gesunden, produktiven Ökosystem bei, indem es die Grundlage für weiteres Wachstum und Entwicklung von Pflanzen schafft.

Darüber hinaus beeinflusst die Zersetzung die Bodenbiologie erheblich. Die mikrobielle Gemeinschaft im Boden, die verschiedene Phasen der Zersetzung übernimmt, spielt eine entscheidende Rolle bei der Bildung von Humus und der Verbesserung der Nährstoffverfügbarkeit. Ebenso unterstützt die Zersetzung die Lebensgemeinschaften von

Bodenlebewesen wie Würmern und Insekten, die zur weiteren Zersetzung und Bodenstrukturierung beitragen. Diese biologische Aktivität fördert die Gesundheit des Bodens und die Effizienz des Nährstoffkreislaufs.

Das Pflanzenwachstum wird ebenfalls durch die Zersetzung beeinflusst. Die freigesetzten Nährstoffe sind essenziell für das Wachstum und die Entwicklung von Pflanzen. Ein ausgewogenes Verhältnis dieser Nährstoffe fördert gesundes Pflanzenwachstum und hohe Produktivität. Darüber hinaus verbessert die Humusbildung die Bodenstruktur, erhöht die Wasserhaltekapazität und sorgt für eine bessere Belüftung des Bodens, was ideale Bedingungen für das Wurzelwachstum schafft und das Pflanzenwachstum weiter unterstützt.

Physikalische Perspektiven der Zersetzung:

Auf physikalischer Ebene beeinflusst die Zersetzung die Temperatur- und Feuchtigkeitsbedingungen des Bodens. Die Geschwindigkeit der Zersetzung ist temperaturabhängig; hohe Temperaturen beschleunigen die mikrobielle Aktivität und enzymatischen Prozesse, während niedrige Temperaturen sie verlangsamen. Auch die Feuchtigkeit hat einen großen Einfluss: Hohe Feuchtigkeit fördert die Zersetzung, während trockene Bedingungen den Prozess verlangsamen können. Diese physikalischen Faktoren haben direkte Auswirkungen auf die Geschwindigkeit der Humusbildung und die Verfügbarkeit von Nährstoffen.

Zudem beeinflusst die Zersetzung physikalische Verwitterungsprozesse. Mechanische Verwitterung, wie Frostsprengung, zerbricht organisches Material in kleinere Teile, die leichter von Mikroben abgebaut werden können. Chemische Verwitterung, wie die Reaktion mit Sauerstoff und Wasser, trägt zur weiteren Zersetzung und Mineralisierung bei, was die Freisetzung von Nährstoffen und die Bodenstruktur beeinflusst.

Die Energieübertragung während der Zersetzung, einschließlich der Freisetzung von Wärme, beeinflusst den Temperaturhaushalt des Bodens. In isolierten Systemen wie Komposthaufen kann diese Wärme den Temperaturbereich erheblich verändern, was wiederum die mikrobiellen Aktivitäten beeinflusst und die Zersetzungsgeschwindigkeit verändert.

Praktische Anwendungen und Forschung:

Die Erkenntnisse aus der Untersuchung der Zersetzung haben praktische Anwendungen in der Landwirtschaft und der Umweltforschung. In der Landwirtschaft verbessert die Kompostierung die Bodenfruchtbarkeit und Nährstoffversorgung, während ein tiefes Verständnis der Zersetzung zu nachhaltigen Bodenbewirtschaftungspraktiken beiträgt. Diese Praktiken fördern die langfristige Bodenfruchtbarkeit und schützen vor Erosion und Nährstoffverlust.

In der Umweltforschung spielt die Zersetzung eine Schlüsselrolle bei der Einschätzung der Kohlenstoffbilanzen und der globalen Kohlenstoffspeicherung. Diese Forschung ist unerlässlich für das Verständnis der Auswirkungen auf das Klima und die Entwicklung von Klimaschutzstrategien. Ebenso unterstützt die Forschung zur Bodenrekonstruktion die Wiederherstellung geschädigter Böden durch Erosion oder Verschmutzung, indem sie die Zersetzungsprozesse nutzt, um die Bodenqualität und -struktur zu verbessern.

Insgesamt trägt das umfassende Verständnis der Zersetzung und ihrer Auswirkungen dazu bei, die Umwelt nachhaltig zu nutzen und zu schützen. Die praktischen Anwendungen der Erkenntnisse aus der Zersetzungsforschung verbessern die Bodenbewirtschaftung, fördern nachhaltige Landwirtschaft und leisten einen Beitrag zum Umweltschutz. Diese Erkenntnisse sind entscheidend für die Entwicklung von Strategien zur Erhaltung und Verbesserung der Umweltressourcen.

Energie und Vergänglichkeit - Die Reise nach dem Tod

Kapitel 8:
Philosophische und kulturelle Betrachtungen

Der Tod und die Zersetzung sind nicht nur biologische Prozesse, sondern auch tief in philosophische und kulturelle Überlegungen eingebettet. Die Art und Weise, wie verschiedene Kulturen und Philosophien den Tod und die Zersetzung betrachten, beeinflusst maßgeblich die menschliche Haltung zu Leben und Sterben. Dieses Kapitel beleuchtet die philosophischen Überlegungen zum Tod und zur

Zersetzung und untersucht kulturelle Praktiken und Rituale, die sich mit diesen Themen auseinandersetzen.

Der Tod, so unvermeidlich er auch ist, bleibt ein Thema von großer Komplexität und tiefem Nachdenken. In vielen Kulturen wird der Tod nicht nur als das Ende des Lebens betrachtet, sondern auch als ein Übergang in eine andere Existenzform, ein Moment, der von spiritueller und existenzieller Bedeutung geprägt ist. Verschiedene Philosophien haben versucht, den Tod und das, was danach kommt, zu erklären, sei es durch religiöse Interpretationen, metaphysische Spekulationen oder wissenschaftliche Ansätze. Diese Perspektiven bieten vielfältige Einblicke in die menschliche Erfahrung und die Bedeutung, die wir dem Leben und dem Sterben beimessen.

In der Philosophie wird der Tod oft als das ultimative Rätsel des Lebens angesehen. Philosophische Strömungen wie der Existenzialismus, vertreten durch Denker wie Jean-Paul Sartre und Martin Heidegger, haben intensiv über die Bedeutung des Todes nachgedacht. Für Sartre war der Tod ein Ende ohne Nachfolge, ein endgültiger Abschluss, der dem Leben seine Dringlichkeit und Bedeutung verleiht. Heidegger hingegen betrachtete den Tod als integralen Bestandteil des Daseins, als das, was unser Sein in der Welt wesentlich bestimmt. Das Bewusstsein des eigenen Todes, so Heidegger, führt zu einer authentischeren Lebensweise, da es uns zwingt, uns mit der Endlichkeit unseres Seins auseinanderzusetzen.

Neben der Philosophie spielt die Kultur eine entscheidende Rolle bei der Gestaltung unseres Verständnisses vom Tod. Jede Kultur hat ihre eigenen Rituale und Traditionen entwickelt, um mit dem Tod umzugehen und ihm einen Platz im sozialen und spirituellen Gefüge zu geben. In vielen indigenen Kulturen wird der Tod als eine Fortsetzung des Lebens in einer anderen Form betrachtet. Rituale, die die Ahnen ehren und die Verbindung zwischen den Lebenden und den Toten aufrechterhalten, sind weit verbreitet. Diese Praktiken verdeutlichen, wie der Tod als Teil eines größeren Kreislaufs von Leben, Tod und Wiedergeburt verstanden wird.

In anderen kulturellen Kontexten, wie im Westen, hat sich der Umgang mit dem Tod im Laufe der Geschichte verändert. Während in früheren Zeiten der Tod ein allgegenwärtiger Teil des Lebens war und oft im häuslichen Umfeld stattfand, hat die Moderne den Tod zunehmend aus dem alltäglichen Bewusstsein verdrängt. Der Tod wird heute oft in Krankenhäusern und Pflegeeinrichtungen erlebt, fernab von den Augen der Gesellschaft. Bestattungsrituale und Trauerfeiern haben sich ebenfalls gewandelt, hin zu stärker individualisierten und manchmal auch kommerzialisierten Formen der Abschiedsnahme.

Dieses Kapitel wird die verschiedenen philosophischen Theorien und kulturellen Praktiken rund um den Tod und die Zersetzung detailliert untersuchen. Es wird aufzeigen, wie unsere Vorstellungen vom Tod nicht nur durch biologische Tatsachen, sondern auch durch tief verwurzelte kulturelle und philosophische Überzeugungen geformt werden. Durch diese Betrachtungen können wir ein tieferes Verständnis dafür gewinnen, wie Menschen in unterschiedlichen Zeiten und an unterschiedlichen Orten mit der unvermeidlichen Realität des Todes umgegangen sind und weiterhin umgehen.

8.1. Philosophische Betrachtungen zum Tod

8.1.1. Philosophische Ansichten über den Tod

Existentialistische Perspektiven:

Existentialistische Philosophen wie Jean-Paul Sartre und Albert Camus betrachten den Tod als einen zentralen Bestandteil der menschlichen Existenz. Der Tod wird als letztendlicher Ausdruck der Absurdität des Lebens angesehen, und die Auseinandersetzung mit der Endlichkeit des Lebens wird als Schlüssel zur Authentizität und Sinnfindung betrachtet.

Die Existentialisten betonen, dass der Tod eine unausweichliche Realität ist, die das Leben in seiner ganzen Dringlichkeit und Intensität erst verständlich macht. Sartre, zum Beispiel, argumentiert, dass der Tod das ultimative Ende unserer Freiheit darstellt, da er einen endgültigen Abschluss unserer Existenz bedeutet. Diese Endlichkeit zwingt uns, unser Leben bewusst und authentisch zu leben, da wir nur eine begrenzte Zeit haben, um unsere Möglichkeiten zu verwirklichen.

Albert Camus, ein weiterer bedeutender Vertreter des Existentialismus, sieht im Tod den ultimativen Beweis für die Absurdität des Lebens. In seinem berühmten Werk "Der Mythos des Sisyphos" beschreibt er das menschliche Leben als eine endlose und sinnlose Anstrengung, ähnlich der Aufgabe des Sisyphos, der für immer einen Felsen den Berg hinaufrollen muss, nur um zu sehen, wie er wieder hinunterrollt. Doch gerade in der Anerkennung dieser Absurdität und der bewussten Entscheidung, trotzdem weiterzuleben, findet Camus einen tiefen Sinn und eine Möglichkeit zur Rebellion gegen die Sinnlosigkeit.

Durch die Auseinandersetzung mit dem Tod und der Akzeptanz seiner Unausweichlichkeit können wir laut den Existentialisten ein authentisches Leben führen. Indem wir die Endlichkeit unseres Daseins anerkennen, gewinnen wir eine neue Perspektive auf unsere Entscheidungen und Handlungen und können so ein erfüllteres und bedeutungsvolleres Leben führen.

Stoische Philosophie:

Stoiker wie Epiktet und Seneca betonen die Akzeptanz des Todes als Teil der natürlichen Ordnung. Sie sehen die Fähigkeit, den Tod gelassen zu akzeptieren, als einen Weg, inneren Frieden und Weisheit zu erreichen. Der Tod wird als unvermeidlicher Teil des kosmischen Prozesses angesehen, den es zu akzeptieren gilt.

Die stoische Philosophie lehrt, dass wir nur die Dinge kontrollieren können, die in unserer Macht stehen, und dass der Tod nicht zu diesen Dingen gehört. Epiktet betont, dass der Tod ein natürlicher und notwendiger Teil des Lebens ist und dass es weise ist, ihn ohne Furcht und mit Gelassenheit zu akzeptieren. Diese Akzeptanz des Unvermeidlichen führt zu einem tiefen inneren Frieden, da wir uns nicht länger gegen die natürliche Ordnung auflehnen.

Seneca, ein weiterer bedeutender Stoiker, argumentiert, dass der Tod nichts Schlimmes ist, da er lediglich das Ende unserer physischen Existenz bedeutet. Er rät, den Tod als einen Teil des Lebens zu betrachten und ihn nicht zu fürchten. Für die Stoiker ist der Tod kein Feind, sondern ein Freund, der uns daran erinnert, dass unser Leben endlich ist und wir es weise und tugendhaft nutzen sollten.

Durch die Akzeptanz des Todes als Teil der natürlichen Ordnung können wir laut den Stoikern eine größere Weisheit und Gelassenheit im Leben erreichen. Diese Haltung ermöglicht es uns, uns auf das Wesentliche zu konzentrieren und ein erfülltes und tugendhaftes Leben zu führen, frei von der Angst vor dem Tod.

Buddhistische Perspektiven:

Im Buddhismus wird der Tod als Teil des Zyklus von Geburt, Tod und Wiedergeburt (Samsara) betrachtet. Der Tod ist nicht das Ende, sondern ein Übergang zu einer neuen Existenz. Die Vorstellung von Karma und Wiedergeburt beeinflusst die Art und Weise, wie der Tod und die Zersetzung gesehen werden, und betont die Bedeutung von moralischem Handeln im Leben.

Im buddhistischen Verständnis ist der Tod nicht das endgültige Ende unserer Existenz, sondern lediglich eine Phase in einem kontinuierlichen Kreislauf von Geburt, Tod und Wiedergeburt. Dieser Zyklus, bekannt als Samsara, wird von unserem Karma, den Konsequenzen unserer

Handlungen, beeinflusst. Das Karma bestimmt die Art der Wiedergeburt und das Leiden oder Glück, das wir in unserem nächsten Leben erfahren werden.

Der Tod wird im Buddhismus oft als eine Gelegenheit zur Befreiung von Samsara betrachtet. Durch moralisches und tugendhaftes Handeln sowie durch die Entwicklung von Weisheit und Mitgefühl können wir unser Karma verbessern und letztendlich das Nirvana erreichen, einen Zustand der vollkommenen Befreiung von Leiden und Wiedergeburt.

Diese Perspektive auf den Tod ermutigt die Buddhisten, ein Leben in Achtsamkeit und ethischem Handeln zu führen. Da der Tod lediglich ein Übergang in eine neue Existenzform ist, wird er nicht gefürchtet, sondern als natürlicher Teil des Lebens akzeptiert. Die buddhistische Praxis betont die Vergänglichkeit aller Dinge und die Bedeutung, im gegenwärtigen Moment zu leben, frei von Anhaftung und Furcht.

Durch diese verschiedenen philosophischen Perspektiven wird deutlich, dass der Tod weit mehr als nur ein biologisches Ereignis ist. Er ist ein tiefgreifendes philosophisches und kulturelles Phänomen, das unser Verständnis von Leben und Existenz wesentlich prägt. Indem wir uns mit diesen unterschiedlichen Ansichten auseinandersetzen, können wir ein tieferes Verständnis für unsere eigene Sterblichkeit und die vielfältigen Möglichkeiten des Umgangs mit dem Tod gewinnen.

8.1.2. Das Konzept der Unsterblichkeit

Unsterblichkeit der Seele:

In vielen religiösen und philosophischen Traditionen wird die Vorstellung vertreten, dass die Seele oder das Bewusstsein nach dem physischen Tod weiter existiert. Diese Konzepte sind eng mit der Vorstellung von einem Leben nach dem Tod oder einer spirituellen Existenz verbunden.

Die Idee der Unsterblichkeit der Seele findet sich in zahlreichen religiösen Lehren und spirituellen Philosophien weltweit. Im Christentum beispielsweise wird geglaubt, dass die Seele nach dem Tod in den Himmel, das Fegefeuer oder die Hölle gelangt, abhängig von den Taten und dem Glauben des Individuums während seines Lebens. Diese Vorstellung von einem ewigen Leben nach dem Tod bietet Trost und Hoffnung, da sie das Versprechen einer fortdauernden Existenz in einer jenseitigen Welt enthält.

Ähnlich verhält es sich im Hinduismus, wo das Konzept der Reinkarnation eine zentrale Rolle spielt. Hier wird angenommen, dass die

Seele (Atman) nach dem Tod in einem neuen Körper wiedergeboren wird, bis sie schließlich Moksha, die Befreiung aus dem Kreislauf von Geburt und Wiedergeburt, erreicht. Diese kontinuierliche Reise der Seele durch verschiedene Existenzen wird durch das Karma bestimmt, das die Qualität der zukünftigen Leben beeinflusst.

Auch in der griechischen Philosophie finden sich Ideen der Seelenwanderung und Unsterblichkeit. Platon etwa argumentierte, dass die Seele unsterblich sei und vor der Geburt in der Welt der Ideen existiere. Nach dem Tod kehrt sie zu dieser überzeitlichen und unveränderlichen Sphäre zurück. Für Platon war die Unsterblichkeit der Seele ein Beweis für die Existenz einer höheren, geistigen Realität jenseits der physischen Welt.

Diese verschiedenen Traditionen und Philosophien teilen die Überzeugung, dass der physische Tod nicht das Ende der Existenz bedeutet. Vielmehr wird die Seele als ein ewiges und unzerstörbares Wesen betrachtet, das nach dem Tod in eine andere Form oder Dimension übergeht. Diese Vorstellung der Unsterblichkeit bietet nicht nur Trost und Hoffnung, sondern beeinflusst auch die ethischen und moralischen Entscheidungen der Menschen im Leben, da sie an die Konsequenzen ihrer Taten im Jenseits glauben.

Materialistische Perspektiven:

Materialistische Philosophen lehnen die Vorstellung von einer unsterblichen Seele ab und betrachten das Bewusstsein als Produkt physikalischer Prozesse im Gehirn. Nach dem Tod gibt es demnach kein Fortbestehen des Bewusstseins, und die Zersetzung des Körpers ist das endgültige Ende der persönlichen Existenz.

Materialismus, eine philosophische Richtung, die sich auf die physische und messbare Welt konzentriert, vertritt die Auffassung, dass das Bewusstsein keine eigenständige, immaterielle Entität ist, sondern aus den komplexen Prozessen und Strukturen des Gehirns hervorgeht. Vertreter dieser Ansicht, wie zum Beispiel der Neurowissenschaftler Antonio Damasio, argumentieren, dass Gedanken, Gefühle und das Bewusstsein selbst vollständig durch neuronale Aktivität erklärt werden können.

Wenn das Bewusstsein ein Produkt der Gehirnfunktion ist, dann endet es zwangsläufig, wenn das Gehirn aufhört zu arbeiten. Der Tod des physischen Körpers und die anschließende Zersetzung bedeuten demnach das absolute Ende der individuellen Existenz. In dieser

Sichtweise gibt es kein Weiterleben nach dem Tod, keine unsterbliche Seele und keine jenseitige Welt.

Für viele Materialisten bedeutet dies jedoch nicht eine negative oder nihilistische Sicht auf das Leben. Im Gegenteil, die Endlichkeit des Lebens kann als Aufruf verstanden werden, das Hier und Jetzt intensiv und bewusst zu leben. Ohne die Aussicht auf ein jenseitiges Leben wird jedes Moment und jede Entscheidung im gegenwärtigen Leben bedeutsamer. Diese Perspektive legt nahe, dass wir uns auf die Gestaltung eines sinnvollen und erfüllten Lebens konzentrieren sollten, da dies die einzige Existenz ist, die wir haben.

Diese materialistische Sichtweise hat auch Einfluss auf die ethischen und moralischen Überzeugungen. Ohne die Annahme eines Lebens nach dem Tod basieren moralische Entscheidungen auf dem Wohl und Glück der Lebenden und nicht auf den möglichen Konsequenzen in einem jenseitigen Dasein. Es entsteht eine Ethik, die auf das gegenwärtige menschliche Wohlbefinden ausgerichtet ist, statt auf metaphysische Überlegungen.

Zusammenfassung:

Zusammenfassend zeigen diese beiden gegensätzlichen Konzepte der Unsterblichkeit der Seele und der materialistischen Perspektive die Vielfalt der philosophischen Überlegungen zum Tod. Während die eine Sichtweise Trost und Hoffnung durch die Vorstellung eines fortdauernden Seins bietet, betont die andere die Wichtigkeit des gegenwärtigen Lebens und der physischen Realität. Beide Ansichten laden dazu ein, über die Natur des Bewusstseins und die Bedeutung des Lebens nachzudenken und bieten unterschiedliche Wege, um mit der eigenen Sterblichkeit umzugehen.

8.2. Kulturelle Betrachtungen und Rituale

8.2.1. Bestattungsriten und -traditionen

Christliche Bestattungsriten:

In vielen christlichen Traditionen wird der Tod als Übergang in ein ewiges Leben betrachtet. Die Bestattungsriten sind oft darauf ausgerichtet, den Verstorbenen in den Himmel zu begleiten und den Angehörigen Trost zu spenden. Zeremonien wie die Beerdigung, die Trauerfeier und das Gebet spielen eine zentrale Rolle im Umgang mit dem Tod.

Im Christentum ist der Glaube an ein Leben nach dem Tod tief verwurzelt. Dieser Glaube spiegelt sich in den Bestattungsriten wider, die von der Hoffnung auf eine Auferstehung und ein ewiges Leben im Himmel geprägt sind. Eine typische christliche Beerdigung beginnt häufig mit einem Gottesdienst, der in der Kirche oder in einer Kapelle stattfindet. Während dieses Gottesdienstes wird für den Verstorbenen gebetet und es werden Bibelstellen vorgelesen, die Trost und Hoffnung spenden sollen. Oft wird die Predigt genutzt, um das Leben des Verstorbenen zu würdigen und die Hinterbliebenen zu ermutigen, ihren Glauben zu stärken.

Die eigentliche Beerdigungszeremonie folgt auf den Gottesdienst. Hierbei wird der Sarg zum Grab getragen, begleitet von Trauernden, die oft Lieder singen oder Psalmen rezitieren. Am Grab selbst wird in einem letzten Gebet die Seele des Verstorbenen Gott anvertraut. Diese Rituale sollen nicht nur den Übergang des Verstorbenen ins Jenseits erleichtern, sondern auch den Hinterbliebenen Trost und Unterstützung bieten. Der Glaube an die Wiedervereinigung mit den Liebsten im Himmel ist eine

Quelle großer Zuversicht und Hoffnung für viele Christen.

Hinduistische Bestattungspraktiken:

Im Hinduismus wird der Körper häufig eingeäschert, da die Vorstellung herrscht, dass die Seele (Atman) den Körper verlässt und in einen neuen Körper wiedergeboren wird. Die Asche wird oft in heiligen Flüssen verstreut, um den Kreislauf der Wiedergeburt zu beenden.

Die hinduistischen Bestattungsrituale sind tief in der Vorstellung von Reinkarnation und Karma verwurzelt. Die Einäscherung des Körpers symbolisiert die Rückkehr der Elemente zum Universum und die Befreiung der Seele von ihrem irdischen Gefängnis. Die Zeremonie beginnt oft mit einem Reinigungsritual, bei dem der Körper des Verstorbenen gewaschen und in weiße Tücher gehüllt wird. Manchmal wird der Körper mit Blumen und Sandelholzpaste geschmückt, was Reinheit und Heiligkeit symbolisiert.

Der Leichnam wird dann auf einen Scheiterhaufen gelegt und von den engsten Familienmitgliedern, meistens dem ältesten Sohn, entzündet. Während der Einäscherung werden Gebete und Mantras rezitiert, die die Seele auf ihrer Reise ins nächste Leben begleiten sollen. Die Asche wird anschließend in einem heiligen Fluss, wie dem Ganges, verstreut. Diese Handlung soll der Seele helfen, Moksha zu erreichen – die endgültige Befreiung aus dem Kreislauf von Geburt und Wiedergeburt.

Buddhistische Rituale:

In buddhistischen Kulturen können die Rituale zur Vorbereitung auf den Tod und zur Unterstützung des Verstorbenen auf dem Weg zur Wiedergeburt sehr variieren. Meditationen, Gebete und rituelle Handlungen sollen dem Verstorbenen helfen, eine günstige Wiedergeburt zu erreichen und den Zyklus des Leidens zu durchbrechen.

Buddhistische Bestattungsrituale sind stark von der Lehre des Buddha über die Vergänglichkeit und das Leiden geprägt. Der Tod wird als natürlicher Teil des Lebens betrachtet und die Rituale zielen darauf ab, die Seele des Verstorbenen in einen friedlichen und bewussten Zustand zu versetzen. Dies geschieht oft durch intensive Meditationen und Rezitationen heiliger Texte.

Ein typisches buddhistisches Ritual könnte mit der Rezitation von Sutras beginnen, die die transzendente Weisheit des Buddha verkünden. Mönche und Familienmitglieder versammeln sich, um diese Texte zu rezitieren und die Verdienste der guten Taten des Verstorbenen zu gedenken. Diese Verdienste sollen dem Verstorbenen helfen, eine positive Wiedergeburt zu erreichen und ihm den Weg zur Erleuchtung zu ebnen.

Es ist auch üblich, dass Rituale wie das Anzünden von Räucherstäbchen und das Darbringen von Opfergaben durchgeführt werden. Diese Handlungen symbolisieren Respekt und Ehrerbietung gegenüber dem Verstorbenen und helfen, eine spirituelle Atmosphäre zu schaffen, die die Seele auf ihrer Reise unterstützt. In einigen buddhistischen Traditionen, wie dem tibetischen Buddhismus, gibt es spezielle Rituale, die über mehrere Tage hinweg durchgeführt werden, um den Verstorbenen durch die Zwischenstadien des Todes (Bardo) zu begleiten und ihm zu helfen, eine günstige Wiedergeburt zu finden.

Durch diese vielfältigen Bestattungsriten und -traditionen zeigt sich die tiefe kulturelle Bedeutung des Todes und die unterschiedlichen Wege, wie Menschen mit dem Verlust und der Erinnerung an ihre Verstorbenen umgehen. Jede Kultur hat ihre eigenen Methoden entwickelt, um dem Tod Bedeutung zu verleihen und den Lebenden Trost zu spenden, was die universelle menschliche Erfahrung der Sterblichkeit reflektiert.

8.2.2. Kulturelle Perspektiven auf die Zersetzung

Westliche Ansichten:

In vielen westlichen Kulturen wird der Tod oft medizinisch und hygienisch betrachtet. Die Zersetzung wird durch moderne Bestattungsmethoden, wie Einbalsamierung und Feuerbestattung, kontrolliert, um die Auswirkungen der Zersetzung auf die Umwelt zu minimieren und den körperlichen Verfall zu verzögern.

In der westlichen Welt hat sich die Sichtweise auf den Tod und die Zersetzung im Laufe der Zeit stark verändert. Der Tod wird zunehmend als ein Ereignis betrachtet, das nicht nur spirituelle, sondern auch hygienische und ästhetische Aspekte umfasst. Diese Sichtweise spiegelt sich in den weit verbreiteten Praktiken der Einbalsamierung und Feuerbestattung wider.

Einbalsamierung ist eine Methode, bei der chemische Substanzen in den Körper injiziert werden, um den Verfall zu verzögern und den Körper in einem möglichst natürlichen Zustand zu erhalten. Diese Praxis ermöglicht es den Angehörigen, den Verstorbenen während der Trauerfeier in einem Zustand zu sehen, der dem Leben ähnelt, was vielen Trost spendet. Darüber hinaus erfüllt die Einbalsamierung hygienische Anforderungen, insbesondere wenn die Zeit zwischen Tod und

Beerdigung länger ist.

Die Feuerbestattung, bei der der Körper verbrannt und zu Asche reduziert wird, ist eine weitere weit verbreitete Methode. Diese Methode wird oft gewählt, um den physischen Verfall des Körpers zu vermeiden und die Asche auf eine symbolische Weise zu behandeln, wie das Verstreuen an einem bedeutungsvollen Ort oder das Aufbewahren in einer Urne. Die Feuerbestattung wird oft als umweltfreundlicher angesehen, da sie weniger Platz benötigt als traditionelle Erdbestattungen und die Zersetzung des Körpers nicht in der Erde stattfindet.

Diese modernen Bestattungsmethoden spiegeln ein Bedürfnis wider, den Tod zu kontrollieren und seine Auswirkungen auf die Lebenden und die Umwelt zu minimieren. Sie zeigen auch eine gewisse Distanz zur natürlichen Zersetzung, die als unangenehm oder störend empfunden wird. In vielen westlichen Gesellschaften besteht ein starkes Bedürfnis, den Tod und die damit verbundenen Prozesse zu ästhetisieren und hygienisch zu handhaben, was zu einer Professionalisierung und Standardisierung von Bestattungsdiensten geführt hat.

Traditionelle Kulturen:

In einigen traditionellen Kulturen wird die Zersetzung als natürlicher Teil des Lebenszyklus betrachtet. Die Menschen haben oft Rituale, die den natürlichen Prozess der Zersetzung respektieren und gleichzeitig den Übergang des Verstorbenen in die nächste Welt ehren.

In vielen indigenen und traditionellen Gesellschaften wird der Tod und die Zersetzung auf eine Weise betrachtet, die tief mit der natürlichen Welt und den Zyklen des Lebens verwurzelt ist. Diese Kulturen sehen die Zersetzung nicht als etwas, das kontrolliert oder vermieden werden muss, sondern als einen wichtigen und respektvollen Prozess, der das Leben in seinen vielen Formen fortführt.

Ein Beispiel hierfür sind die skythischen Nomaden der Eurasischen Steppe, die ihre Toten in großen Kurganen (Grabhügeln) bestatteten. Diese Kurgane waren so konstruiert, dass die natürlichen Prozesse der Zersetzung ungehindert ablaufen konnten. Gleichzeitig boten sie einen Platz für Rituale und Gedenkfeiern, die die Verbindung zwischen den Lebenden und den Verstorbenen aufrechterhielten. Die Zersetzung wurde als Teil des natürlichen Kreislaufs der Natur angesehen, in dem der Körper zur Erde zurückkehrte und so zur Fortsetzung des Lebens beitrug.

Ein weiteres Beispiel findet sich in den Bestattungspraktiken der Zoroastrier, einer antiken Religion, die im heutigen Iran und Indien praktiziert wird. Zoroastrier legen ihre Toten in sogenannte "Türme des Schweigens" (Dakhmas), wo die Leichname von Geiern und anderen Aasfressern gefressen werden. Diese Praxis reflektiert den Glauben an die Reinheit der Elemente und die Vorstellung, dass der Körper nach dem Tod den Kreislauf des Lebens unterstützt, indem er anderen Lebewesen Nahrung bietet.

Diese traditionellen Praktiken zeigen eine tiefe Verbundenheit mit der natürlichen Welt und eine Akzeptanz des Todes als integralen Bestandteil des Lebenszyklus. Die Rituale und Bräuche, die den Zersetzungsprozess begleiten, sind oft darauf ausgerichtet, den Verstorbenen zu ehren und ihre Rückkehr zur Erde zu feiern. Sie verdeutlichen eine Perspektive, die den Tod und die Zersetzung nicht als etwas Unnatürliches oder Beängstigendes sieht, sondern als einen notwendigen und respektvollen Übergang, der das Leben in all seinen Formen ehrt und fortführt.

Durch die Betrachtung dieser unterschiedlichen kulturellen Ansichten und Praktiken wird deutlich, dass der Umgang mit der Zersetzung stark von den jeweiligen kulturellen, religiösen und philosophischen Überzeugungen geprägt ist. Während in der westlichen Welt oft der Fokus auf der Kontrolle und Ästhetik liegt, betonen viele traditionelle Kulturen die natürliche Integration und den Respekt vor den Zyklen des Lebens. Beide Ansätze bieten wertvolle Einblicke in die vielfältigen Möglichkeiten, wie Menschen auf der ganzen Welt mit der Realität des Todes und der Zersetzung umgehen.

8.2.3. Symbolik des Todes und der Zersetzung

Symbolische Bedeutung:

Der Tod und die Zersetzung haben in vielen Kulturen symbolische Bedeutungen. Sie können für Transformation, Erneuerung und den Zyklus von Leben und Tod stehen. In der Kunst und Literatur werden diese Themen oft verwendet, um die Vergänglichkeit des Lebens und die Kontinuität des Naturkreislaufs darzustellen.

In zahlreichen Kulturen und philosophischen Traditionen wird der Tod nicht nur als Ende des Lebens betrachtet, sondern auch als ein Symbol für Transformation und Erneuerung. Diese Sichtweise spiegelt sich in einer Vielzahl von künstlerischen und literarischen Werken wider, in denen der Tod und die Zersetzung als Metaphern für den ständigen Wandel und die Unausweichlichkeit des Lebenszyklus verwendet werden.

In der westlichen Kunst und Literatur ist der Tod ein häufig wiederkehrendes Motiv, das die Vergänglichkeit des Lebens thematisiert. Werke wie die vanitas-Stillleben der niederländischen Malerei des 17. Jahrhunderts nutzen Symbole wie Totenschädel, verwelkte Blumen und Sanduhren, um an die Endlichkeit des Lebens und die Vergänglichkeit menschlicher Errungenschaften zu erinnern. Diese Darstellungen sollen den Betrachter daran erinnern, das Leben zu schätzen und sich der unausweichlichen Realität des Todes bewusst zu sein.

Auch in der Literatur dient der Tod oft als kraftvolles Symbol für Transformation und Wiedergeburt. In William Shakespeares "Hamlet" reflektiert der Protagonist über den Tod und die Zersetzung, um tiefere Einsichten in die Natur des Lebens und der menschlichen Existenz zu gewinnen. Der berühmte Monolog "Sein oder Nichtsein" beschäftigt sich mit den Ängsten und Unsicherheiten, die den Tod umgeben, und stellt ihn als einen natürlichen Teil des Lebens dar, der letztlich zu einer neuen Form der Existenz führt.

In vielen indigenen Kulturen symbolisiert der Tod den Zyklus von Leben, Tod und Wiedergeburt. Die Zersetzung des Körpers wird als ein natürlicher Prozess angesehen, der das Leben in anderen Formen unterstützt. Beispielsweise in der Mythologie der nordamerikanischen Ureinwohner wird der Tod oft als Rückkehr zum Schöpfer und als Teil eines größeren Kreislaufs von Leben und Natur gesehen. Diese Symbolik betont die Verbundenheit aller Lebewesen und die ständige Erneuerung, die das Universum charakterisiert.

Ritualisierte Zersetzung:

In einigen Kulturen gibt es spezifische Rituale, die den Zersetzungsprozess symbolisch oder praktisch unterstützen. Dies kann die Zeremonie der „Himmelsbestattung" in Tibet umfassen, bei der die Überreste des Verstorbenen von Aasfressern verzehrt werden, oder die „Baum-Bestattung" in einigen westlichen Ländern, bei der die Asche des Verstorbenen in einem Baum gepflanzt wird, um das Leben des Baumes zu unterstützen.

Die „Himmelsbestattung" ist ein tibetisches Ritual, bei dem die Leichname der Verstorbenen auf hohe, abgelegene Orte gebracht werden, um dort von Geiern und anderen Aasfressern verzehrt zu werden. Diese Praxis beruht auf dem buddhistischen Glauben an die Vergänglichkeit des Körpers und die Bedeutung des Geistes. Der Akt des Verfütterns des Körpers an Vögel wird als eine letzte großzügige Tat betrachtet, die es dem Verstorbenen ermöglicht, Gutes zu tun, indem er

Leben erhält. Es ist ein tief symbolischer Akt, der den Kreislauf des Lebens betont und zeigt, dass der Tod nicht das Ende, sondern ein Teil des natürlichen Kreislaufs ist.

In westlichen Ländern gewinnt die „Baum-Bestattung" zunehmend an Beliebtheit. Bei dieser Praxis wird die Asche des Verstorbenen in biologisch abbaubaren Urnen beigesetzt, die Samen enthalten. Diese Samen wachsen zu Bäumen heran und symbolisieren so die Rückkehr zur Natur und das Fortbestehen des Lebens in einer neuen Form. Diese Form der Bestattung ist nicht nur umweltfreundlich, sondern bietet den Hinterbliebenen auch einen lebendigen Ort der Erinnerung. Der wachsende Baum dient als lebendes Denkmal für den Verstorbenen und symbolisiert die Kontinuität und Erneuerung des Lebens.

Diese rituellen Praktiken zeigen, wie verschiedene Kulturen den Prozess der Zersetzung nicht nur akzeptieren, sondern auch feiern und in ihre spirituellen und philosophischen Überzeugungen integrieren. Sie verdeutlichen eine tiefe Wertschätzung für den natürlichen Kreislauf des Lebens und die Anerkennung, dass der Tod nicht das Ende, sondern ein Übergang und ein Beitrag zum Fortbestand des Lebens ist. Diese Rituale bieten den Lebenden Trost und eine Verbindung zur Natur, indem sie den Verstorbenen in den ewigen Kreislauf des Lebens einbinden.

Energie und Vergänglichkeit - Die Reise nach dem Tod

8.3. Die Zersetzung in der zeitgenössischen Philosophie und Ethik

8.3.1. Umweltethik und Nachhaltigkeit

Nachhaltige Bestattungsmethoden:

Die zeitgenössische Philosophie beschäftigt sich zunehmend mit der ethischen Dimension der Bestattungspraktiken und deren Auswirkungen auf die Umwelt. Es gibt eine wachsende Bewegung hin zu nachhaltigen Bestattungsmethoden wie ökologischen Beerdigungen und biologisch abbaubaren Bestattungsoptionen, die den ökologischen Fußabdruck minimieren.

In der modernen Philosophie wird der Tod nicht nur aus metaphysischer und existenzieller Perspektive betrachtet, sondern auch durch die Linse der Umweltethik. Angesichts der globalen ökologischen Herausforderungen suchen Philosophen und Umweltschützer nach Wegen, wie auch der Tod und die damit verbundenen Praktiken nachhaltiger gestaltet werden können. Hierbei rückt der Gedanke der ökologischen Bestattung in den Vordergrund, die darauf abzielt, die negativen Umweltauswirkungen traditioneller Bestattungsmethoden zu minimieren.

Ökologische Beerdigungen, auch bekannt als grüne Bestattungen, umfassen eine Vielzahl von Praktiken, die im Einklang mit der Natur stehen. Dazu gehört beispielsweise die Verwendung biologisch abbaubarer Särge oder Leichentücher, die den natürlichen Zersetzungsprozess unterstützen und keine schädlichen Chemikalien freisetzen. Ein weiteres Beispiel ist die Naturbestattung, bei der der Verstorbene in einem naturbelassenen Gebiet beigesetzt wird, oft ohne Grabstein oder Markierung, sodass die natürliche Umgebung ungestört bleibt.

Eine andere Form der nachhaltigen Bestattung ist die Kompostierung von Leichen, ein Prozess, bei dem der Körper des Verstorbenen unter kontrollierten Bedingungen zu nährstoffreichem Kompost zersetzt wird. Diese Methode, auch als "Recomposition" bekannt, wurde in den letzten Jahren vor allem in den USA populär und bietet eine umweltfreundliche Alternative zur traditionellen Erdbestattung oder Einäscherung. Der entstehende Kompost kann dann zur Anreicherung des Bodens verwendet werden, was den Kreislauf des Lebens auf eine sehr direkte Weise unterstützt.

Ethische Überlegungen:

Die ethischen Überlegungen zur Zersetzung und zur Körperbehandlung nach dem Tod beinhalten Fragen der Umweltgerechtigkeit und des respektvollen Umgangs mit dem Verstorbenen. Diese Überlegungen spielen eine wichtige Rolle bei der Entwicklung moderner Bestattungspraktiken und der Gestaltung von Richtlinien zur Körperentsorgung.

Die Auseinandersetzung mit der Zersetzung und der Behandlung von Leichnamen nach dem Tod wirft eine Reihe ethischer Fragen auf, die weit über die ökologische Dimension hinausgehen. Eine zentrale Frage ist dabei der respektvolle Umgang mit den Überresten des Verstorbenen. In vielen Kulturen und Religionen gibt es spezifische Riten und Vorschriften, die sicherstellen sollen, dass der Körper in Würde behandelt wird. Die Herausforderung besteht darin, diese traditionellen Werte mit modernen, umweltfreundlichen Praktiken in Einklang zu bringen.

Ein wichtiger Aspekt der ethischen Überlegungen ist die Umweltgerechtigkeit. Dies bedeutet, dass die ökologischen Kosten und Vorteile der Bestattungspraktiken fair und gleichmäßig verteilt sein sollten. In vielen Teilen der Welt haben wirtschaftlich benachteiligte Gemeinschaften weniger Zugang zu umweltfreundlichen Bestattungsoptionen und sind oft stärker von den negativen Auswirkungen traditioneller Praktiken betroffen. Es ist daher wichtig, Richtlinien zu entwickeln, die nachhaltige Bestattungsmethoden für alle zugänglich machen und sicherstellen, dass der ökologische Fußabdruck des Todes auf ein Minimum reduziert wird.

Darüber hinaus spielt die Transparenz in der Bestattungsindustrie eine zentrale Rolle. Viele Menschen sind sich der ökologischen und ethischen Implikationen der verschiedenen Bestattungsoptionen nicht bewusst. Aufklärung und Bildung sind daher entscheidend, um informierte

Entscheidungen treffen zu können, die sowohl den ethischen Standards als auch den persönlichen und familiären Werten entsprechen.

Insgesamt zeigt die zeitgenössische Diskussion über die Zersetzung und die Bestattungspraktiken eine wachsende Sensibilität für die Umwelt und die ethischen Verpflichtungen gegenüber Verstorbenen und der Gesellschaft. Die Entwicklung und Förderung nachhaltiger Bestattungsmethoden, die sowohl ökologisch verantwortungsvoll als auch kulturell respektvoll sind, stellen einen wichtigen Schritt in Richtung einer zukunftsfähigen und ethisch fundierten Umgangsweise mit dem Tod dar.

8.3.2. Rolle der Zersetzung in der kulturellen Identität

Kulturelle Identität:

Die Art und Weise, wie Kulturen mit dem Tod und der Zersetzung umgehen, prägt die kulturelle Identität und das Gemeinschaftsgefühl. Bestattungsrituale und -traditionen sind oft tief in den kulturellen Werten und Überzeugungen verwurzelt und tragen zur kulturellen Kohäsion und zum kollektiven Gedächtnis bei.

In vielen Kulturen sind die Bestattungsrituale und der Umgang mit der Zersetzung des Körpers nach dem Tod ein wesentlicher Bestandteil der kulturellen Identität. Diese Rituale und Traditionen spiegeln die tief verwurzelten Werte und Überzeugungen einer Gemeinschaft wider und spielen eine wichtige Rolle dabei, wie sich diese Gemeinschaft selbst versteht und wie sie ihre Verbindung zu den Verstorbenen aufrechterhält.

Die Bestattungspraktiken können sehr unterschiedlich sein und reichen von aufwendigen Zeremonien bis hin zu einfachen, aber symbolisch bedeutsamen Handlungen. In einigen Kulturen wird großer Wert auf eine feierliche und detaillierte Beerdigung gelegt, bei der der Verstorbene mit Ehrungen und rituellen Handlungen verabschiedet wird. Diese Zeremonien bieten den Hinterbliebenen nicht nur Trost, sondern stärken auch das Gefühl der Gemeinschaft und die kollektive Erinnerung an den Verstorbenen. Die Rituale helfen dabei, den Verlust zu verarbeiten und die Bindung innerhalb der Gemeinschaft zu festigen.

Ein Beispiel hierfür sind die Dia de los Muertos (Tag der Toten) Feierlichkeiten in Mexiko, bei denen die Verstorbenen jährlich geehrt und gefeiert werden. Diese Tradition ist tief in der mexikanischen Kultur verankert und verbindet die Gemeinschaft durch gemeinsame Rituale und Symbole. Die farbenfrohen Altäre, die an die Verstorbenen erinnern, sowie die speziellen Speisen und Dekorationen, symbolisieren die Kontinuität des Lebens und die andauernde Präsenz der Verstorbenen im Leben der Lebenden. Solche Praktiken stärken das kulturelle Gedächtnis und die kollektive Identität, indem sie die Verbindung zwischen den Generationen aufrechterhalten.

Globale Perspektiven:

Die zunehmende Globalisierung führt zu einem Austausch von Bestattungspraktiken und -traditionen. Dies kann zu einer Vermischung kultureller Praktiken führen und neue Perspektiven auf den Umgang mit Tod und Zersetzung eröffnen. Die Berücksichtigung dieser globalen Perspektiven ist entscheidend für das Verständnis der sich wandelnden kulturellen Landschaft und der Vielfalt der menschlichen Erfahrungen im Umgang mit dem Tod.

Durch die Globalisierung sind Kulturen weltweit zunehmend miteinander vernetzt und beeinflussen sich gegenseitig. Dies gilt auch für Bestattungspraktiken und den Umgang mit dem Tod. Der Austausch von Ideen und Traditionen kann zu einer hybriden Kultur führen, in der Elemente aus verschiedenen Kulturen miteinander verschmelzen und neue, integrative Rituale entstehen.

Ein Beispiel für diese kulturelle Vermischung ist die steigende Popularität von ökologischen Bestattungspraktiken, die ursprünglich in westlichen Ländern entwickelt wurden, nun aber weltweit an Bedeutung gewinnen. In Ländern wie Japan und Südkorea, wo traditionell andere Bestattungsrituale dominieren, wird die Idee der nachhaltigen Bestattung zunehmend akzeptiert und angepasst. Diese neuen Praktiken kombinieren oft traditionelle Elemente mit modernen, umweltbewussten Methoden, was zu einem kulturellen Wandel und einer neuen Art des Umgangs mit Tod und Zersetzung führt.

Darüber hinaus ermöglicht die Globalisierung den Zugang zu einer Vielzahl von Informationen und Perspektiven, die die Sichtweisen auf den Tod erweitern und bereichern können. Menschen können sich über Bestattungspraktiken in anderen Kulturen informieren und möglicherweise inspirieren lassen, neue Wege zu finden, um ihre eigenen Traditionen zu bereichern oder zu verändern. Dies kann zu einer größeren Akzeptanz und einem besseren Verständnis der Vielfalt menschlicher Erfahrungen im Umgang mit dem Tod führen.

Die Berücksichtigung globaler Perspektiven ist daher entscheidend, um die sich wandelnde kulturelle Landschaft und die unterschiedlichen Ansätze zum Thema Tod und Zersetzung zu verstehen. Durch den

Austausch und die Integration verschiedener kultureller Praktiken können Gemeinschaften neue, bedeutungsvolle Rituale entwickeln, die sowohl die individuellen Bedürfnisse als auch die kollektiven Werte widerspiegeln. Dies fördert nicht nur die kulturelle Vielfalt, sondern auch ein tieferes Verständnis und eine größere Wertschätzung für die unterschiedlichen Wege, wie Menschen auf der ganzen Welt den Tod und die Zersetzung erleben und bewältigen.

Energie und Vergänglichkeit - Die Reise nach dem Tod

8.4. Zusammenfassung

Philosophische und kulturelle Betrachtungen des Todes und der Zersetzung reflektieren eine Vielzahl von Ansichten und Überzeugungen, die tief in menschlichen Traditionen und Denktraditionen verwurzelt sind. Diese Perspektiven beeinflussen maßgeblich die Art und Weise, wie Gesellschaften mit dem Tod umgehen und die Zersetzung in ihren kulturellen Kontext integrieren.

Die Erforschung dieser Aspekte bietet wertvolle Einblicke in die menschliche Existenz, die kulturelle Identität und die ethischen Überlegungen zur nachhaltigen Praxis. Durch das Verständnis der unterschiedlichen philosophischen Ansätze zum Tod, wie die existentialistischen, stoischen und buddhistischen Perspektiven, können wir die tiefe Bedeutung erkennen, die diese Themen in verschiedenen Denkweisen einnehmen. Jede dieser Philosophien bietet einzigartige Einsichten, die die Art und Weise, wie Individuen und Gesellschaften den Tod und die Zersetzung wahrnehmen und verarbeiten, prägen.

Existentialistische Philosophen wie Jean-Paul Sartre und Albert Camus betrachten den Tod als einen zentralen Bestandteil der menschlichen Existenz, der zur Sinnfindung und Authentizität führt. Stoische Philosophen wie Epiktet und Seneca hingegen sehen die Akzeptanz des Todes als Weg zu innerem Frieden und Weisheit. Buddhistische Perspektiven betonen den Tod als Teil des zyklischen Prozesses von Geburt, Tod und Wiedergeburt, was die moralischen Handlungen im Leben beeinflusst.

Kulturelle Betrachtungen und Rituale rund um den Tod sind ebenso vielschichtig. Bestattungspraktiken wie die christlichen Beerdigungsriten, hinduistische Feuerbestattungen und buddhistische Rituale zeigen, wie tief diese Traditionen in den jeweiligen kulturellen Werten verwurzelt sind. Sie fördern die kulturelle Kohäsion und stärken das kollektive Gedächtnis. In vielen Kulturen symbolisiert der Tod nicht nur das Ende des Lebens, sondern auch Transformation und Erneuerung, was sich in symbolischen und ritualisierten Zersetzungsprozessen widerspiegelt.

Die moderne Philosophie und Ethik befassen sich intensiv mit den ökologischen und ethischen Implikationen der Bestattungspraktiken. Nachhaltige Bestattungsmethoden wie ökologische Beerdigungen und biologisch abbaubare Bestattungsoptionen minimieren den ökologischen Fußabdruck und fördern die Umweltgerechtigkeit. Diese Ansätze tragen dazu bei, dass Bestattungspraktiken nicht nur respektvoll gegenüber den Verstorbenen, sondern auch umweltfreundlich und nachhaltig sind.

Darüber hinaus zeigt die zunehmende Globalisierung, wie Bestattungspraktiken und -traditionen weltweit ausgetauscht und vermischt werden können, was neue Perspektiven auf den Umgang mit Tod und Zersetzung eröffnet. Dieser kulturelle Austausch fördert ein tieferes Verständnis und eine größere Wertschätzung für die Vielfalt menschlicher Erfahrungen und hilft, neue, bedeutungsvolle Rituale zu entwickeln.

Schlussfolgerung

Zusammenfassung der wesentlichen Erkenntnisse:

Dieses Buch hat umfassend untersucht, wie die Energie im menschlichen Körper nach dem Tod umgewandelt wird und welche weitreichenden Konsequenzen dies sowohl für die Umwelt als auch für das ökologische System hat. Wir haben die Prozesse und Phasen detailliert beschrieben, die vom Todeszeitpunkt über die Zersetzung bis hin zu langfristigen Energieumwandlungen reichen. Dabei wurde deutlich, dass der Tod eines Individuums nicht das endgültige Ende, sondern Teil eines umfassenden und kontinuierlichen natürlichen Kreislaufs ist. Durch diese Untersuchung konnten wir ein tieferes Verständnis der energetischen Transformationen gewinnen, die nach dem Tod ablaufen und wie diese Prozesse in das größere Netzwerk des Lebens eingebettet sind.

Der menschliche Körper als Energiesystem:

Der menschliche Körper funktioniert als komplexes Energiesystem, in dem chemische, elektrische und mechanische Energie ständig umgewandelt werden. Diese Energieveränderungen setzen sich nach dem Tod fort, wobei der Körper zunächst durch chemische Prozesse in den Zustand der Zersetzung übergeht. Der genaue Mechanismus dieser Umwandlungen beeinflusst die nachfolgende Zersetzung und die Rückführung von Nährstoffen und Energie in das Ökosystem. In der Phase des Lebens sind diese Prozesse auf die Aufrechterhaltung der Körperfunktionen ausgerichtet, doch nach dem Tod ändern sie ihre Natur und Zweckmäßigkeit. Die chemische Energie, die einst für die Aufrechterhaltung des Lebens genutzt wurde, wird langsam freigesetzt und umgewandelt, um den natürlichen Kreislauf zu unterstützen. Der menschliche Körper, einst eine eigenständige Einheit, wird nun zu einem Teil des größeren ökologischen Systems, wobei jede seiner Komponenten zur Erhaltung des Lebens beiträgt.

Die letzten Momente des Lebens:

Die letzten Minuten vor dem Tod sind durch eine Reihe physiologischer Veränderungen gekennzeichnet. Diese Veränderungen umfassen die Einstellung des Herzschlags und der Atmung, die zum Einstellen des Blutflusses und zu einer Reduzierung der Nährstoffversorgung des Gewebes führen. Diese Prozesse beeinflussen die chemischen Reaktionen im Körper und leiten den Übergang von einem lebenden System zu einem toten Organismus ein. Während dieser kritischen Phase erfährt der Körper eine Reihe von Umstellungen, die darauf abzielen, den Übergang in den Zustand des Todes zu erleichtern. Der Herzschlag, der das Blut durch den Körper pumpt und die Zellen mit Sauerstoff und Nährstoffen versorgt, hört auf. Dies führt zu einem sofortigen Stillstand des Blutkreislaufs und setzt eine Kaskade von biochemischen Veränderungen in Gang, die den endgültigen Abschied des Lebens einleiten.

Zum Zeitpunkt des Todes:

Mit dem Tod beginnt eine Reihe von biochemischen und physiologischen Veränderungen, die zur Zersetzung des Körpers führen. Die sofort nach dem Tod einsetzenden Prozesse umfassen die Umwandlung von ATP in ADP und AMP, die durch Enzyme und Bakterien begünstigt wird. Diese initialen Veränderungen führen zu den frühen Stadien der Zersetzung, die sich schnell durch den gesamten Körper ausbreiten. Der Tod markiert den Beginn eines komplexen Prozesses der Desintegration, bei dem der Körper, der einst ein Hort des Lebens war, in seine Grundbestandteile zerlegt wird. Dieser Prozess ist nicht nur biologisch faszinierend, sondern auch ökologisch bedeutend, da er die Rückführung von Energie und Nährstoffen in die Umwelt ermöglicht. Die Umwandlung von ATP, der primären Energiequelle in Zellen, in seine niedrigeren Formen ADP und AMP ist ein erster Schritt in dieser energetischen Umstrukturierung.

Die ersten Stunden nach dem Tod:

In den ersten Stunden nach dem Tod setzen die rigor mortis (Leichenstarre) und die Autolyse (Selbstverdauung) ein. Diese Prozesse sind durch die Umwandlung von Enzymen in den Zellen und den Beginn der bakteriellen Zersetzung gekennzeichnet. Die Temperaturabnahme und die Veränderung der chemischen Zusammensetzung des Körpers beeinflussen die Geschwindigkeit und den Verlauf der Zersetzung. In dieser frühen Phase der Zersetzung zeigen sich die ersten sichtbaren Anzeichen des Todes. Die rigor mortis, die durch die chemischen Veränderungen in den Muskeln verursacht wird, führt zu einer vorübergehenden Steifheit des Körpers. Gleichzeitig beginnt die Autolyse, ein Prozess, bei dem die Zellen sich selbst verdauen, indem sie ihre eigenen Enzyme freisetzen. Diese Prozesse tragen maßgeblich zur Zersetzung bei und bereiten den Boden für die nachfolgenden Stadien der Transformation.

Der Prozess der Zersetzung:

Die Zersetzung ist ein mehrstufiger Prozess, der von der Zersetzung durch Mikroben und Insekten bis hin zur vollständigen Mineralisierung des organischen Materials reicht. Die verschiedenen Phasen der Zersetzung – von der frühen Zersetzung bis zur Skelettierung – zeigen die kontinuierliche Umwandlung von organischer Energie in anorganische Substanzen und die Rückführung von Nährstoffen in den Boden und das Ökosystem. Während der Zersetzung spielen Mikroorganismen und Insekten eine zentrale Rolle. Sie beginnen, das organische Material abzubauen, indem sie die komplexen Moleküle in einfachere Substanzen zerlegen. Dies führt zu einer schrittweisen Freisetzung der gespeicherten Energie und der Rückführung von Nährstoffen in die Umwelt. Die Phasen der Zersetzung sind geprägt von einer Abfolge biologischer Aktivitäten, die letztlich zur vollständigen Auflösung des Körpers und seiner Integration in den natürlichen Kreislauf führen.

Langfristige Energieumwandlungen:

Langfristige Energieumwandlungen betreffen die Umwandlung von organischen Substanzen in Mineralien und die Integration dieser Substanzen in den Nährstoffkreislauf des Bodens. Die Bildung von Humus und die Veränderung der Bodenstruktur und -chemie sind entscheidende Faktoren für die Bodenfruchtbarkeit und das ökologische Gleichgewicht. Diese langfristigen Prozesse sind von zentraler Bedeutung für die Aufrechterhaltung der Bodenqualität und der Produktivität von Ökosystemen. Durch die Umwandlung von organischen Materialien in Humus werden wertvolle Nährstoffe freigesetzt, die das Wachstum von Pflanzen und anderen Organismen unterstützen. Der Prozess der Humusbildung und die damit einhergehende Verbesserung der Bodenstruktur tragen dazu bei, die Bodenfruchtbarkeit zu erhalten und die ökologische Gesundheit zu fördern.

Ökologische und physikalische Perspektiven:

Die Zersetzung hat weitreichende Auswirkungen auf ökologische Systeme und physikalische Prozesse. Diese beinhalten die Beeinflussung von Nährstoffkreisläufen, die Veränderung der Bodenbiologie und -struktur, sowie die physikalischen Effekte wie Temperatur- und Feuchtigkeitsveränderungen. Diese Prozesse sind zentral für das Verständnis der Umweltfunktionen und die nachhaltige Nutzung von Ressourcen. Die Zersetzung trägt zur Regulierung der Bodenfeuchtigkeit und -temperatur bei, was wiederum das Mikroklima und die Lebensbedingungen für zahlreiche Organismen beeinflusst. Diese ökologischen Interaktionen zeigen, wie eng vernetzt die Prozesse des Lebens und des Todes sind und wie sie gemeinsam das Funktionieren der Ökosysteme beeinflussen.

Philosophische und kulturelle Betrachtungen:

Der Tod und die Zersetzung sind tief in philosophische und kulturelle Überlegungen eingebettet. Verschiedene Kulturen und Philosophien haben unterschiedliche Ansichten über den Tod, die Zersetzung und das Leben nach dem Tod. Diese Betrachtungen prägen die Rituale, die ethischen Überlegungen und die kulturelle Identität im Umgang mit dem Tod und der Zersetzung. Die Art und Weise, wie eine Gesellschaft den Tod betrachtet und behandelt, spiegelt ihre Werte und Überzeugungen wider. In vielen Kulturen wird der Tod als Übergang und Transformation gesehen, was sich in den Bestattungsritualen und der Pflege der Erinnerung an die Verstorbenen zeigt. Philosophische Überlegungen zum Tod und zur Zersetzung beleuchten die tiefere Bedeutung dieser Prozesse und ihre Rolle im Kontext des Lebens. Kulturelle Rituale und Traditionen bieten den Rahmen für den kollektiven Umgang mit dem Tod und tragen zur Bewahrung der kulturellen Identität bei. Die Vielfalt der Perspektiven auf den Tod zeigt die universelle, aber auch die einzigartige Natur menschlicher Erfahrungen und Überzeugungen in Bezug auf das Ende des Lebens.

Durch diese detaillierte Betrachtung der Energieumwandlungen nach dem Tod und die damit verbundenen ökologischen, physikalischen und kulturellen Implikationen bietet dieses Buch eine umfassende Perspektive auf das Thema. Es verdeutlicht, dass der Tod nicht nur das Ende des Lebens eines Individuums ist, sondern auch ein wichtiger Teil des natürlichen Kreislaufs, der das Leben auf der Erde aufrechterhält und fördert. Indem wir die Prozesse und Phasen des Todes und der Zersetzung verstehen, können wir ein tieferes Verständnis für die Zusammenhänge in der Natur und die Rolle des Todes im ökologischen Gleichgewicht entwickeln.

Implikationen und Ausblick:

Die detaillierte Analyse der Energieumwandlungen nach dem Tod hat nicht nur wissenschaftliche, sondern auch praktische und ethische Implikationen. Die Erkenntnisse aus diesem Buch können auf verschiedene Weise genutzt werden, um nachhaltige Praktiken in der Bestattung, im Umweltmanagement und in der Philosophie zu entwickeln. Diese Analyse eröffnet neue Perspektiven und Ansätze, wie wir die Prozesse des Todes und der Zersetzung in verschiedene Bereiche unseres Lebens und unserer Gesellschaft integrieren können, um sowohl ökologisch als auch ethisch vertretbare Lösungen zu finden.

Bedeutung für Umwelt- und Nachhaltigkeitspraktiken:

Das Verständnis der Zersetzung und der damit verbundenen Energieumwandlungen kann zu nachhaltigen Bestattungsmethoden und umweltfreundlicheren Praktiken beitragen. Die Berücksichtigung von ökologischen Aspekten in der Bestattung, wie ökologische Beerdigungen und biologische Abbauprodukte, kann den ökologischen Fußabdruck minimieren und zur Erhaltung der Umwelt beitragen. Ökologische Bestattungsmethoden, wie z. B. die Verwendung biologisch abbaubarer Särge und Urnen, fördern die Rückführung von Nährstoffen in den Boden und unterstützen die natürliche Regeneration des Ökosystems. Diese Praktiken tragen nicht nur zur Reduktion der Umweltbelastung bei, sondern fördern auch die Nachhaltigkeit und den Erhalt der Biodiversität. Darüber hinaus kann die Integration dieser ökologischen Überlegungen in die Bestattungskultur zu einem bewussteren Umgang mit unseren natürlichen Ressourcen führen und das Bewusstsein für die Bedeutung von Nachhaltigkeit in allen Bereichen des Lebens stärken.

Einfluss auf die Wissenschaft und Forschung:

Die Untersuchung der Zersetzung und der Energieumwandlungen bietet wertvolle Einblicke in die Biochemie, die Ökologie und die Umweltwissenschaften. Diese Erkenntnisse können zur Verbesserung von Modellen für Nährstoffkreisläufe, zur Entwicklung neuer Technologien für die Abfallbewirtschaftung und zur Erhöhung des Wissens über biologische Prozesse beitragen. Wissenschaftler können diese Erkenntnisse nutzen, um präzisere Modelle der Zersetzungsprozesse zu erstellen, die die Interaktionen zwischen Mikroorganismen, Insekten und chemischen Reaktionen genauer abbilden. Diese Modelle können wiederum dazu beitragen, effizientere Methoden zur Abfallbewirtschaftung zu entwickeln, die die natürlichen Zersetzungsprozesse nachahmen und so die Umweltbelastung reduzieren. Zudem können die gewonnenen Erkenntnisse in der Biochemie und Ökologie dazu beitragen, neue Wege zur Förderung der Bodenfruchtbarkeit und zur Wiederherstellung geschädigter Ökosysteme zu finden. Insgesamt erweitern diese Forschungsarbeiten unser Verständnis der natürlichen Welt und eröffnen neue Möglichkeiten für innovative Lösungen in der Umweltwissenschaft und -technik.

Ethik und Kultur:

Die ethischen Überlegungen zur Behandlung von Leichnamen und zur Zersetzung sind von zentraler Bedeutung für die Entwicklung respektvoller und kulturell sensibler Bestattungspraktiken. Die Reflexion über kulturelle und philosophische Perspektiven kann zu einem tieferen Verständnis der menschlichen Existenz und der kulturellen Vielfalt im Umgang mit Tod und Zersetzung führen. Verschiedene Kulturen haben unterschiedliche Rituale und Traditionen im Umgang mit dem Tod, die tief in ihren philosophischen und religiösen Überzeugungen verwurzelt sind. Das Verständnis und die Wertschätzung dieser Vielfalt können dazu beitragen, respektvolle und einfühlsame Praktiken zu entwickeln, die den Bedürfnissen und Werten verschiedener Gemeinschaften gerecht werden. Ethik spielt eine entscheidende Rolle bei der Gestaltung von Bestattungspraktiken, die sowohl den Respekt vor dem Verstorbenen als auch die Rücksichtnahme auf die Umwelt berücksichtigen. Durch die Auseinandersetzung mit diesen ethischen Fragen können wir Praktiken fördern, die die Würde des Individuums wahren und gleichzeitig die ökologische Integrität schützen.

Abschließende Gedanken

Der Tod und die Zersetzung sind zentrale Aspekte des Lebenszyklus, die tief in den natürlichen und kulturellen Prozessen verwurzelt sind. Durch die umfassende Untersuchung dieser Themen haben wir einen Einblick in die komplexen Wechselwirkungen zwischen biologischen, ökologischen, physikalischen, philosophischen und kulturellen Dimensionen erhalten. Diese Erkenntnisse erweitern unser Verständnis der Natur und unserer eigenen Existenz und bieten wertvolle Perspektiven für die Praxis und Forschung. Die Auseinandersetzung mit den Prozessen des Todes und der Zersetzung fördert nicht nur ein tieferes Verständnis der natürlichen Welt, sondern auch eine respektvolle und reflektierte Haltung gegenüber dem Leben und der Umwelt. Es ist unsere Aufgabe, dieses Wissen zu nutzen, um nachhaltige und ethische Wege zu finden, die mit der natürlichen Welt in Einklang stehen und die kulturelle Vielfalt respektieren. Indem wir die natürlichen Prozesse des Todes und der Zersetzung als integralen Bestandteil des Lebens anerkennen, können wir Praktiken entwickeln, die sowohl ökologisch nachhaltig als auch kulturell sensibel sind. Dies ermöglicht es uns, einen ganzheitlichen Ansatz zu verfolgen, der die natürliche Welt und die menschliche Kultur in einem harmonischen Gleichgewicht hält. Letztlich eröffnet dies die Möglichkeit, unser Leben und unsere Gesellschaft in einer Weise zu gestalten, die sowohl die Umwelt schützt als auch die menschliche Würde und kulturelle Identität wahrt. Durch diese ganzheitliche Perspektive können wir zu einer nachhaltigen und ethisch verantwortungsvollen Zukunft beitragen, die das Erbe der Natur und der Menschheit gleichermaßen respektiert und bewahrt.

Anhang

A.1. Glossar der Fachbegriffe

ATP (Adenosintriphosphat)
Ein energiereiches Molekül, das in allen lebenden Zellen vorkommt und als primäre Energiequelle für viele biochemische Prozesse dient. ATP wird durch Zellatmung produziert und beim Tod in ADP und AMP umgewandelt.

Autolyse
Der Prozess, bei dem Enzyme, die von Zellen produziert werden, den eigenen Zellbestand abbauen, was zur Zersetzung des Körpers nach dem Tod beiträgt.

Bakterielle Zersetzung
Der Abbau von organischem Material durch Mikroben wie Bakterien, die im Körper vorhanden sind oder von außen eindringen. Dies ist ein wesentlicher Bestandteil der Zersetzung.

Humus
Die organische Substanz im Boden, die durch den Abbau von Pflanzen- und Tierresten gebildet wird. Humus verbessert die Bodenstruktur und -fruchtbarkeit.

Kohlenstoffkreislauf
Der biogeochemische Kreislauf, durch den Kohlenstoff in verschiedenen Formen (wie Kohlendioxid, organisches Material und Kohlenhydrate) zwischen der Atmosphäre, der Biosphäre und dem Boden zirkuliert.

Nährstoffkreislauf
Der Prozess, durch den Nährstoffe wie Stickstoff, Phosphor und Kalium durch die Umwelt zirkulieren, von der Aufnahme durch Pflanzen über den Verzehr durch Tiere bis hin zur Rückkehr in den Boden durch Zersetzung.

Rigor mortis (Leichenstarre)
Die Starrheit der Muskulatur, die nach dem Tod aufgrund der chemischen Veränderungen in den Muskelzellen auftritt.

A.2. Literaturverzeichnis

1. ***Harris, J. (2021)***. *Biological Processes of Decomposition*. Springer Nature.
   - Dieses Buch bietet eine umfassende Übersicht über die biologischen Prozesse der Zersetzung und die Rolle von Mikroben in diesen Prozessen.

2. ***Smith, R. (2019)***. *Ecological Impact of Decomposition*. Oxford University Press.
   - Eine detaillierte Analyse der ökologischen Auswirkungen der Zersetzung auf Nährstoffkreisläufe und Bodenbiologie.

3. ***Williams, M. & Clark, T.*** (2020). *Philosophy and Death: Perspectives and Interpretations*. Routledge.
   - Eine philosophische Betrachtung verschiedener Perspektiven auf den Tod und die Zersetzung, einschließlich existentialistischer und stoischer Ansichten.

4. ***Davis, L. (2022)***. *Cultural Rituals and the Afterlife*. University of Chicago Press.
   - Ein Buch über verschiedene kulturelle und religiöse Rituale im Zusammenhang mit dem Tod und der Zersetzung weltweit.

5. ***Miller, S. & Anderson, B. (2021)***. *Sustainable Burial Practices*. Harvard University Press.
   - Eine Untersuchung nachhaltiger Bestattungspraktiken und ihrer Auswirkungen auf die Umwelt.

A.3. Methodologie

Dieses Buch basiert auf einer Kombination aus Literaturrecherche, wissenschaftlichen Studien und philosophischen Texten. Die Hauptmethoden umfassen:

Literaturrecherche:

Eine gründliche Durchsicht von Fach-literatur und wissenschaftlichen Artikeln zu den Themen Zersetzung, Energieumwandlungen, ökologische Auswirkungen und kulturelle Perspektiven.

Fallstudien:

Analyse von Fallstudien zur Zersetzung in verschiedenen Umgebungen und unter unterschiedlichen Bedingungen.

Philosophische Analyse:

Untersuchung und Interpretation philosophischer Texte und Theorien im Zusammenhang mit Tod, Zersetzung und Leben nach dem Tod.

A.4. Quellen für weiterführende Informationen

Online-Datenbanken und wissenschaftliche Journale:

- Google Scholar, PubMed, JSTOR

Organisationen und Institutionen:

- American Society of Microbiology (ASM)
- Soil Science Society of America (SSSA)
- International Cemetery, Cremation and Funeral Association (ICCFA)

Websites:

- Environmental Protection Agency (EPA) – Informationen zu nachhaltigen Bestattungspraktiken.
- The Center for the Study of Death and Society – Forschungsressourcen und Publikationen zum Thema Tod und Zersetzung.

Energie und Vergänglichkeit - Die Reise nach dem Tod

A.5. Danksagung

Wir möchten allen Forschern, Autoren und Institutionen danken, deren Arbeiten und Studien die Grundlage für die Inhalte dieses Buches bildeten. Ein besonderer Dank gilt den Experten auf den Gebieten der Biologie, Ökologie, Philosophie und Kulturwissenschaften für ihre wertvollen Beiträge und Unterstützung. Ihre Arbeit hat dazu beigetragen, ein tieferes Verständnis für die komplexen Prozesse von Tod und Zersetzung zu entwickeln und die Verbindung zwischen wissenschaftlicher Forschung und kultureller Praxis zu beleuchten.

A.6. Haftung

Die in diesem Buch enthaltenen Informationen dienen nur allgemeinen Informationszwecken und stellen keine rechtliche oder medizinische Beratung dar.

A.7. Kontakt

Email: chai2023@gmx.net
Discord: https://discord.gg/QMt4DBGr
Facebook: Drake Graeve

www.ingramcontent.com/pod-product-compliance
Lightning Source LLC
Chambersburg PA
CBHW052248220526
45471CB00001B/235